狭山丘陵を守った男

フィールドサイエンティスト廣井敏男の軌跡

清水　淳

目次

はじめに

私は狭山丘陵の東麓、東京都東村山市で生まれ育った。子どもの頃、我が家は狭山丘陵の東端の二つの尾根に挟まれた平地にあったが、家の周囲にはコナラを主体とした雑木林の平地林が残り、家の北側に隣接する川（北川）には澄んだ水が流れ、近所には多くの水田や畑が広がっていた。私の父は、東京都水道局の貯水池・村山貯水池（多摩湖）の堰堤近くの、今は湖底となってしまった場所に住んでいたが、貯水池建設に伴い移住せざるを得なくなり、多摩湖の下流側にある現在の居住地に落ち着くこととなった。私は幼い頃から狭山丘陵を源流とする北川で水遊びをし、狭山丘陵の雑木林をかけまわる日々を送っていた。かすかに記憶に残る一九六〇年頃の我が家の周りは、雑木林をはじめとする、原生ではない二次的な自然であふれ返っていた。

それから長い年月が経過し、平地部分は宅地開発が進み平地林は見られなくなってしまったが、丘陵地部分の多くは公園や緑地となって、狭山丘陵の自然、すなわち雑木林を主体とした里山（注一）としての自然がかろうじて守られている状況にある。私は四〇歳を少し過ぎた頃から、故郷の川を中心とした自然を守っていく活動に参加し始めた。そして、活動を進めていくうちに、狭山丘陵の里山や身近な川がどのように破壊され、また保全されるようになったのか、その経緯を知りたいと思うようになったのである。

　狭山丘陵は都心から四〇キロ圏内に位置し、東西方向で約一〇キロ、南北方向で約四キロ、約三五〇〇ヘクタールに及ぶ丘陵地である。行政区域としては東京都と埼玉県に位置しており、東京都側は東村山市、東大和市、武蔵村山市、瑞穂町の三市一町、埼玉県側が所沢市と入間市の二市、併せて一都一県、五市一町にまたがっている。

　狭山丘陵の内部には、大正から昭和のはじめにかけて造成された村山貯水池（多摩湖）、山口貯水池（狭山湖）という二つの人造湖があり、その周辺の大半はコナラやクヌギ、アカマツを主体とする二次林によって覆われている。狭山丘陵には多くの遺跡が存在し、約二万年前の旧石器時代のものも見られることから、古くから人の暮らしと関わりがあったことがわかる。狭山丘陵の谷戸部分では水が得られたことから稲作が行われ、併せて畑作も行われていた。狭山丘陵では一九六〇年頃まで、生活に必要な薪や農業に必要な落葉などを得ながら、雑木林を手入れすることで自然を守るという里山の暮らしがごく当たり前にあった。そして、地域で培われてきた知識や技術を生かしながら、土地に根ざした形で生業を営んできた結果、里山の風景がつくられてきていた。そして、狭山丘陵では里山としての景観が守られ、多様な生物が育まれている。

しかし、エネルギー革命や化学肥料の登場によって、伝統的な農業が不可欠としてきた里山の効用は失われ、雑木林は放置され荒れていくことになった。狭山丘陵は都心から近いこともあり、既に戦前から観光地として脚光を浴びてレジャー開発が進められてきていたが、エネルギー革命や化学肥料登場後の高度経済成長期からは、宅地開発や墓地開発などの開発圧力を受けることになった。

一九六〇年代まで狭山丘陵の自然を守るための市民活動の記録は見当たらないが、一九七〇年代になると丘陵の里山を守っていくために、開発に反対する様々な市民活動が発生するようになった。初期の市民活動は開発反対運動であったが、一九八〇年代前半になると、市民による環境アセスメントの実施を経ながら行政側に提案していく複合的な活動へと歩みだした。その後、一九九〇年に市民活動団体によるナショナル・トラスト運動の発生などを経て、一九九〇年代後半頃からは行政と市民活動との協調路線が本格化した。そして、一九七〇年代から始まるこれらの市民活動の中心メンバーの中には、廣井敏男（植物生態学者、東京経済大学名誉教授、以下「廣井」。写真1）がいた。狭山丘陵の多くの里山が守られてきた背景として、廣井の存在感はとても大きなものがあった。

廣井の環境思想である「社会化された自然（雑木林や農地など、原生的な自然に人間が手を

写真１　晩年の廣井敏男
（永井信氏提供）

加えて利用してきた二次的な自然）を守っていくことが重要」という考え方は、廣井自身が市民活動や研究活動の経験を経て、一九八四年の論文「自然保護とはなにか（「季刊　科学と思想」Ｎｏ・54　一九八四）」で生成した思想である（注二）。廣井は雑木林などの社会化された自然には人間が利用するからこそ価値があること、人間以外の個々の生物や生態系にも価値があることを主張した。そして、このような自然を守っていくことが重要と考えた。その思想の啓発と制度化の過程で廣井は、里山保全の方法論に基づき実践を重ねていくとともに、フィールドサイエンティストとして活躍していった。

　本書では、フィールドサイエンティストの定義的特徴として、課題解決に関与する現場主義者としての、また社会的影響力を行使する運動家としての二つの側面を持つと考え、廣井の場合はどうだったのか、具体的に考察していくことを目的とするものである。そのために廣井の環境思想に着目し、その思想の生成過程と生成された思想の内容、思想の啓発と制度化の経緯をたどっていく。また、その過程では、どのような点で廣井がフィールドサイエンティストであったのか明らかにしていくことを目指す。その上で、廣井の里山保全の方法論、フィールドサイエンティストとしての軌跡を追うことにより、狭山丘陵が守られてきた経緯について探っていきたい。

（注一）本書では「里山」を、雑木林と隣接する農地やため池、草原などを含めた意味で捉えた。また、狭山丘陵の自然を、雑木林を主体とした里山としての自然として捉え、考察した。

（注二）本書では、「自然保護」は広く自然を守っていく行為全般という意味で捉え、「保全」は人間が利用していくために手を加えながら自然を守っていくことと捉えた。

図１　狭山丘陵の全体図

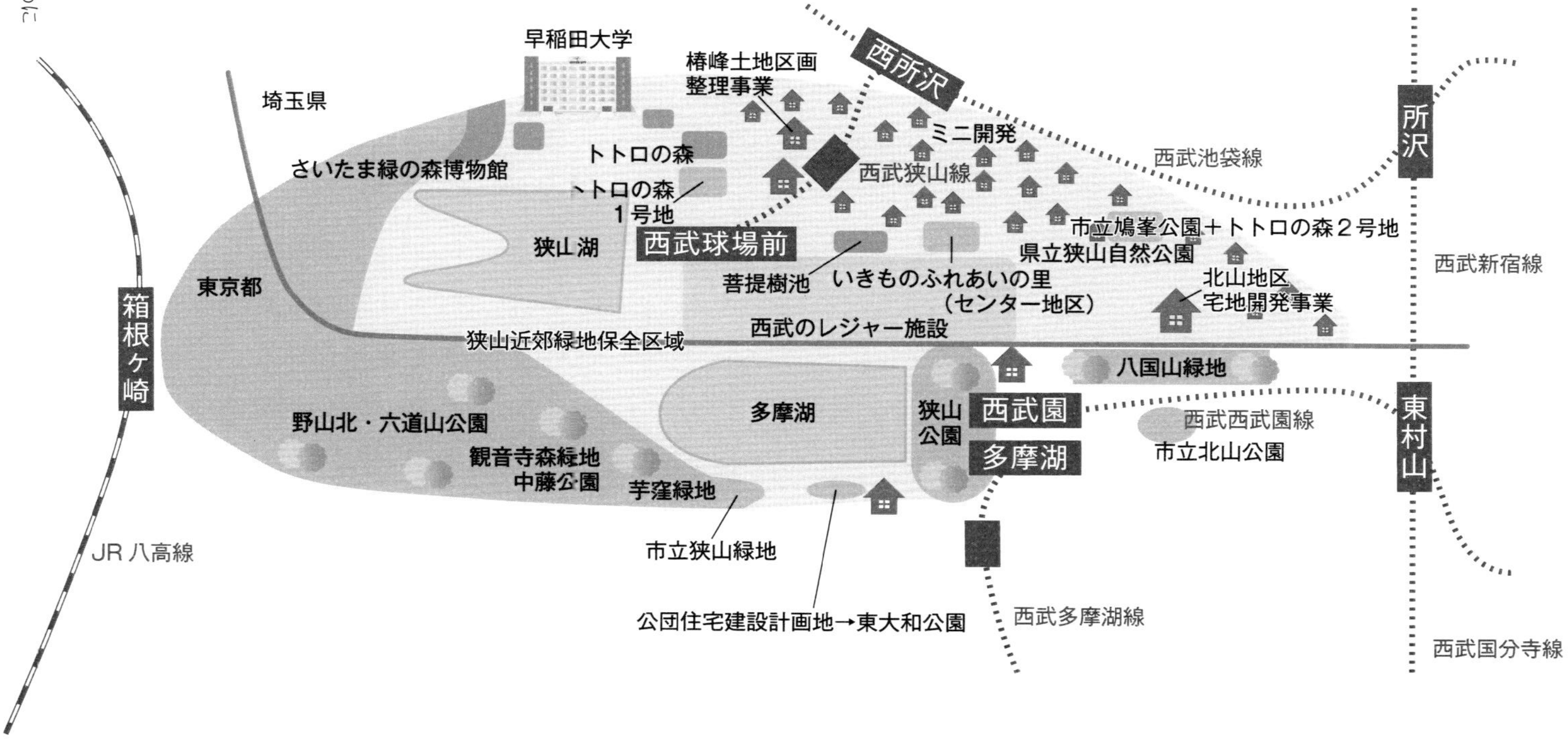
早稲田大学
椿峰土地区画
整理事業
西所沢
所沢
埼玉県
ミニ開発
西武池袋線
トトロの森
西武狭山線
さいたま緑の森博物館
トロの森
1号地
市立鳩峯公園＋トトロの森２号地
西武新宿線
狭山湖
西武球場前
県立狭山自然公園
東京都
菩提樹池
いきものふれあいの里
（センター地区）
北山地区
宅地開発事業
箱根ケ崎
狭山近郊緑地保全区域
西武のレジャー施設
八国山緑地
東村山
狭山
公園
西武園
西武西武園線
多摩湖
野山北・六道山公園
観音寺森緑地
中藤公園
芋窪緑地
多摩湖
市立北山公園
市立狭山緑地
JR 八高線
公団住宅建設計画地→東大和公園
西武多摩湖線
西武国分寺線

Ⅰ章　生態学者からフィールドサイエンティストへ

一、フィールドサイエンティストという生き方

これまで日本の公害、環境問題の解明や市民運動にはフィールドサイエンティストが大きな役割を果たしてきた。フィールドサイエンティストとは、一般的には地域をフィールドとする科学者という意味合いで捉えられるが、本書では特別な意味合いで捉えることとした。すなわち、フィールドサイエンティストの定義的特徴として、①科学と社会問題の関連性を追求し、課題解決に関与する現場主義者としての側面、②市民活動への支援や提言活動などを通して社会的影響力を行使する運動家としての側面があると考える。

このような生き方をしたフィールドサイエンティストには、これまでどのような人物がいるのか。まず、水俣病の調査・告発運動に取り組み、公開自主講座「公害原論」を開講した宇井純。また、先天性（胎児性）水俣病の研究で知られる原田正純がいる。さらに、反原発運動を指導してプルトニウムを利用する日本の核燃料政策を批判、脱原発の社会を目指した高木仁三

郎、森林の存在理由である保全機能を重視し、林野行政の独立採算制や同樹種の大面積一斉植林に反対し、各地の自然保護活動の方針の提示・指導に携わった四手井綱英がいる。さらに遡れば、文化伝承や鎮守の森、生態系の破壊につながる神社合祀に反対した南方熊楠がいる。この定義的特徴から見て、廣井の場合は果たしてどうだったのか、どういう生き方をしたのか。本書では廣井の軌跡を追い、廣井がフィールドサイエンティストだったのかどうか考察していくこととした。

二、研究者への道

廣井は一九三三年、群馬県館林に生まれ、子どもの頃は祖父の膝の上に乗って、田中正造（注三）の話を子守唄のように聞いて育った。そして、植物や昆虫が大好きな少年だった。終戦後、旧制中学へ入学し、ダーウィンの『種の起源』の和訳だけでなく、英語で書かれた原典も含め読破した。旧制高校では、博物学（注四）の分野などで問題発見をしながらそれをまとめていくことに面白みを覚え、博物学の先生から数々の本（タンパク科学の最先端の本、核酸・DN

A関係の本など）の紹介を受けて読破していった。

その後、東京教育大学理学部生物学科へ進み、本格的に植物学に関わっていく。そして、同級生たちが志している分野とは別の分野での研究を模索し、植物生態学を志すことを決意する。一九五七年に東京教育大学を卒業し、その後、東京都立大崎高等学校で理科の教諭の職を得ながら一九五九年に東京大学大学院生物系研究科へ進み、門司正三教授の指導の下に植物生態学の研究を本格化した。大学院では、デンマークのボイセン・イェンセンが確立した生産生態学（注五）の流れを汲む研究に取り組んだ。そして、門司教授と共著で一九六三年に「耐陰性の生理学的・生態学的研究3　被陰されたヒマワリの成長」を、一九六四年に「光の強さと植物群落・葉の量、分布および物質生産との関係」を発表した。その後、一九六四年の博士課程単位取得満期退学を経て、一九六五年には学位論文「ヒマワリ群落の物質経済におよぼす個体密度および照度の影響」を提出し、理学博士の学位を取得した。この頃までが、廣井が研究者としての学問的な基礎を固めた期間である。

一九六五年、廣井は東京大学理学部助手となり、植物生態学の研究を深めていく。と同時に、理学部職員組合の書記長に就任し、一九六九年に安田講堂が陥落するまでの間、大学紛争の渦中に引き込まれ、様々な団体交渉に関わらざるを得なかった。

一九六九年、廣井は東京都国分寺市に所在する東京経済大学に職を得た。そして、狭山丘陵に近い大和町（現東大和市）に住居を定め、本格的に狭山丘陵の里山保全運動に関わっていくこととなった。

（注三）日本の公害反対運動の先駆者とされる田中正造（一八四一～一九一三）は、一八九〇年の第一回総選挙で衆議院議員に当選し、翌年、初めて足尾銅山の鉱毒問題を議会で取り上げた。当時、渡良瀬川の流域では、足尾銅山の鉱毒で漁業や農業に大きな被害が生じており、田中は村民による請願運動に突き動かされ、議会活動によって被害民の救済と足尾銅山の操業停止を訴えた。しかし、足尾銅山は明治政府の富国強兵策に後押しされたものだったため、田中の訴えは無視され、村民の請願運動も弾圧された。田中は議員を辞職し、天皇への直訴を試みるも果たせなかった。その後、政府は渡良瀬川の治水（遊水池の建設）を図る口実で村（谷中村）の強制廃村を行おうとしたが、田中は抵抗運動を組織するも、志半ばで病死した。

（注四）博物学とは、自然界に存在する動植物や鉱物などの知識を収集する学問で、現在では動物学、植物学、鉱物学などに分化している。

（注五）生産生態学とは、植物や植物群落の生活様式を、生活の物質的基盤である光合成や呼吸を通じて解析する生態学の一分野のことを指す。

三、市民環境科学者の誕生

田中正造からの影響

廣井の出生地館林には、田中正造（以下、「田中」）が闘争の拠点とし、亡くなった場所でもある雲龍寺が所在する。廣井は田中が郷土の誇りという環境の中で育ち、「田中は日本の最も優れた民主主義者」と述べ、また「『谷中村滅亡史』や『田中正造全集』を読んで、その現場はどうなっているのか、足尾、それから渡良瀬川沿岸を見て歩いた」と述べている（東大和市環境を考える会「狭山丘陵とともに　廣井敏男先生を偲ぶ」二〇一八）。さらに、一九七〇年頃に「足尾に行った時、禿山の特異な植生が目に入ったので調べてみると、ヘビノネゴザというシダ植物がべたべたと張り付いていた。その後、東北地方を中心に銅山跡、鉱山跡を調べてみると、そのような場所の優占種はヘビノネゴザと時々ヒメノガリヤス（イネ科）ということが分かった」と述べている（同）。廣井は田中を尊敬していたのと同時に、植物生態学の視点から銅山跡を見つめ直した。

また、廣井は田中の著作に触れることや現場での状況を観察することにより、田中の行動哲学である市民の側に立って行動することや、理が通らないものは断固とした姿勢で当局側を相手に闘っていくこと、郷土の自然や暮らしを守っていく姿勢、等々……フィールドサイエンティストとしての行動の基礎を学んでいった。

狭山丘陵というフィールドの発見

廣井が狭山丘陵で保護活動に関わり始めた一九七〇年代始め頃、全国的には身近な自然である里山を守っていこうという気運は盛り上がりを見せていなかった。高度経済成長期に燃料が薪炭から石油やガスに転換したこと、肥料が落葉などから化学肥料に転換したことから里山は管理が行き届かなくなり、放置されるようになっていた。特に大都市の近郊では、里山が宅地や墓地用地、ゴルフ場用地として狙われるなど、貴重な自然の量的な減少と質的な荒廃が進んでいた。

その後、公害の激化をきっかけとした市民の環境意識の高まりを背景に、それまでは見逃されてきていた身近な自然の価値を評価し、保護していこうとする市民活動がようやく見られるようになってきていた。多摩地域では一九七〇年に、福生周辺の河原を守ろうとする「多摩川の自然を守る会」が結成され、保護活動を開始していた。この身近な自然を守る市民活動は、じわじわと多摩地域に広がっていった。

そんな中、廣井はたまたま住むことになった東大和市で狭山丘陵というフィールドを発見し、里山という身近な自然を守る活動に関わっていくことになった。

市民運動との出会い

一九六九年、廣井は東京経済大学（国分寺市）への赴任をきっかけに、都営住宅の抽選に当選した大和町（現東大和市）へ移り住むことになった。その直後の一九七〇年、大和町の狭山丘陵の里山の一画で、日本住宅公団による戸数一〇〇〇戸、敷地面積一・二ヘクタールの高層住宅団地を建設する計画が浮上した（P．9）。当初は地権者に加え、市長（計画が浮上した直後に市制施行）や市当局も開発に肯定的であったが、一九七一年に尾崎清太郎が東大和市長に就任して流れが変わった。同年に尾崎市長が直接、都庁を訪問して緑の保全、景観保持の方向での都の措置を求め、市は東京都宛てに「都立狭山自然公園として用地買収してほしい」という内容の要請をしていくこととなった。

計画を知った市民の間でも里山の保全を求める機運が高まり、同年には市民活動団体「東大和市の緑と自然を守る会」が結成され、廣井は請われてリーダーに就任した。廣井はこの時のことを、「自宅に二人の方（一人は市会議員）が反対運動に加わってくれと訪ねて来た」と述べ、また「東大和に転居して間もないのにもかかわらずリーダーになれと言われて困ったが、やる人がいなければ仕方がないので引き受けた」（東大和市環境を考える会「狭山丘陵とともに廣井敏男先生を偲ぶ」二〇一八）と述べている。その後、同会は都議会に対して「狭山丘陵の自然を保全するための請願」を提出し、同年には東大和市長、市議会議長から東京都知事宛てに「狭山丘陵の都立公園化の陳情」を提出するに至った。尾崎市長は市長としてこの陳情書を提出するにあたり、「当時、緑を守ることと、公団住宅を建設することと、心は五〇対五〇だった……。だから、丘陵の保存は外部からの運動がなければやれなかったかもしれない。そういうことで当時の運動を評価している」と述べている（武井富美子「東大和公園に〝緑〟が残った」『雑木林の詩』第一二号　一九八四）。東大和市の緑と自然を守る会の活動が尾崎市長を動かす力となり、雑木林を守っていくことにつながっていった。そして一九七二年、東京都から東大和市宛てに「狭山丘陵を買い上げて、緑地として保全する」との連絡があり、狭山丘陵の里山が、一部分ではあるものの守られることになった。

里山が公団住宅建設から逃れ、守られることになったのは、美濃部革新都政の存在が大きい。美濃部都知事の二期目の一九七一年、東京都はシビル・ミニマム（注六）達成に向け、多摩地域などの丘陵地の九〇〇〇ヘクタールに及ぶ緑の保全のため、用地買収を行うことになった。その結果、公団住宅建設計画地も用地買収されることになり、一九七二年、計画地を含む丘陵地は都立東大和緑地として守られていくことになった。現在、東大和緑地は東大和公園と呼ばれ、多くの市民の憩いの場となっている（写真２）。東大和緑地の保全がきっかけとなり、狭山丘陵の東京都側の里山は、一九七三年に都立野山北公園（後に区域を拡大して野山北・六道山公園に名称変更）、一九七七年に都立八国山緑地となるなど、都立公園として保全される道筋がつけられることになった（Ｐ．９）。そして廣井は、「細々とやってきた市民運動も、やればそれなりの効果があるんだなと思った」と述べ（東大和市環境を考える会「狭山丘陵とともに　廣井敏男先生を偲ぶ」二〇一八）、その後の狭山丘陵の里山を守る様々な活動に関与していくこととなった。

（注六）シビル・ミニマムとは、自治体が住民の生活のために保障しなければならないとされる最低限度の生活環境基準のことで、公園緑地の項では、都民一人あたり六平方メートル（当面は三平方メートル）の都市公園を確保していくことを目標としていた。

一九七二年、廣井は市民推薦の委員として東京都自然環境保全審議会委員に就任した。市民推薦の委員七名については、自然保護関係の市民活動団体が選挙を行って選出された。自然環境保全審議会は、同年に制定された「東京における自然の保護と回復に関する条例」に基づくものである。廣井は「条例について、身近な緑の保全についてほとんど話題にすらならなかった中、それが制度として成立するのは本条例がはじめてではないだろうか」と述べている（廣井敏男・山岡寛人『里山はトトロのふるさと』二〇〇四）。一方、「条例は制定されたけれども、まともな自然保護行政が行われていないことを知らされて、なら、おれたちで作ろうということで……、狭山丘陵における環境行政の発端だったんです」と述べ（東大和市環境を考える会「狭山丘陵とともに　廣井敏男先生を偲ぶ」二〇一八）、この条例が狭山丘陵の里山保全行政に関与していくきっかけとなっていった。

写真２　都立東大和公園

その後、狭山丘陵では一九七二年に埼玉県所沢市の椿峰地区の土地区画整理事業（興和不動産と日本新都市開発が参加、当初五一ヘクタール。P.９）反対運動が起こり、一九七六年には土地区画整理事業の認可取消と同事業の差し止めなどを求める行政訴訟が提起され、廣井は原告側の説明者という立場で関わっていくこととなった。また同年には、所沢市の北山地区宅地開発事業（西武不動産、五七・六ヘクタール。P.９）反対運動が起きるが、廣井が自ら主体的に里山の自然を守るための活動に関与し始めるのは一九七八年まで待つこととなった。

廣井は一九七八年、東大和市で仲間と共に「東大和市環境を考える会（以下、「環境を考える会」）」を立ち上げた。環境を考える会は、東大和市の環境を考え、自然を大切にした豊かな住みよいまちづくりを進めていくことを目的とし、環境破壊に歯止めをかけるための住民運動を行っていこうとするものだった。会長には廣井が就任し、雑木林の自然観察会の開催や、「東大和市環境市民の集い」での市民へのアピール活動、市に対して民有地の雑木林の適切な管理を要望するなどの運動を行っていった。

後で述べるように、「社会化された自然を守っていくことが重要」という思想が生成するのは一九八四年である。廣井は、それ以前の一九七八年から実践を通してこの思想を完成させていった。

生態系―人間への気づきと市民へのまなざし

廣井は一九六五年の理学博士号取得後、主として植物の光環境に関連する論文の発表を続けていたが、一九七三年になって、当時混乱していた環境概念や環境問題を生態学説として整理、検討を行った本谷勲（植物生態学者、東京農工大学名誉教授）との共著『生態学的環境論』を発表している。その背景として、世界的に問題となっていた環境問題に、生態学としてどのように取り組んでいったらいいのか検討していく必要があると考えていたことが挙げられる。当時の生態学の研究では人間の影響ができるだけ少ないものをテーマにすることが多かったが、生態学的環境論では環境問題を解決していくために具体の公害問題や環境回復運動に生態学者が参加して、そこでの生態学的研究に人間の問題を取り入れる努力をし、その集積を図っていくべきだと指摘している。そして、生態学には人間の問題を視程に入れつつ、種（個体群）、生物群集の法則性を明らかにすることが環境問題に関連して今後の課題となることを指摘している。廣井は生態学的環境論を執筆後、人間活動の影響を受けた植生の変化を切り口として、種（個体群）、生物群集の法則性を明らかにするための研究を深めていった。

廣井は人間活動の影響を受けた植生の変化をテーマに、一九七四年に小坂、足尾、別子の各銅山の植生について論じた「わが国における銅山植生の植物社会学的研究」や、一九七九年に人為的な原因によって希少化が進んで種が絶滅することの意味について、カンアオイという種を例に、種の保護の意味（自然の多様性の保護が生物保護や自然保護の根幹であること）について論じた「植物の種の保護」を発表した。

また、一九七八年から岐阜県の神岡鉱山荒廃地植生復元活動に参加し、現場での活動を中心に、市民のための鉱山荒廃地の環境復元活動に取り組んでいった。イタイイタイ病弁護団の弁護士山田博によれば、環境復元活動の背景と廣井の取り組みは概略、以下の通りである。三井金属神岡鉱業所の操業活動によって神通川下流域にもたらされたイタイイタイ病の裁判は一審、二審とも原告被害者側が完全勝利し、確定した。しかし、裁判で解決したのは過去の一部の賠償にすぎず、またその他の課題を解決するために、神通川流域の被害住民は、「患者に対する損害賠償」「汚染土壌の復元」「神岡鉱山の公害防止」に関する協定を三井金属と締結した。この公害防止協定では、①被害住民はその依頼する専門家を同行して、必要があればいつでも鉱山の関連施設に立ち入り調査をし、資料を収集できること、②神岡鉱山は被害住民の求める公害に関する資料を提出すること、③これらを含む公害防止に関する費用はすべて会社が負担することが定められ、一九七二年から取り組みが始まった。住民側をバックアップする組織として発生源対策協力科学者グループが組織され、廣井はこのグループの植栽班のリーダーとして、一九七八年頃から神岡鉱山荒廃地の植生復元活動を担っていくことになった。神岡鉱山のはげ山などから降水時に重金属を含んだ雨水が川に流出し、水質汚染の一因となっていたため、その緑化が不可欠の状況となっていた（山田博「神岡鉱山の緑化と廣井先生」『狭山丘陵とともに　廣井敏男先生を偲ぶ』二〇一八）。以上のように、廣井は市民のための鉱山荒廃地の環境復元活動に取り組んでいった。

一方、それまでに狭山丘陵で起きた反対運動や神岡鉱山での環境復元活動、環境を考える会での運動などの経験から、地域の自然を保護していくためには生態学だけではなく、人文・社会の諸科学の知識と見方をも借りなければならないと認識し、生態学を離れてどう解決していけばいいのか模索し続けていた。

一九八〇年、廣井は「参加と住民運動」と題する論文を発表した。この論文では、市民自らが環境アセスメント調査（注七）を行った結果を基に、行政側に提案を行った実例を紹介した上で、住民運動が公害や生活環境破壊の原因となる事業や計画の阻止などを目的とした運動から、市民参加を求め市民自らの自治を模索する運動までになっている状況を分析している。そして間接的な市民参加である選挙、直接的な参加である請願や陳情、行政委員会や審議会の状況を分析し、「市民参加は制度としてうたわれていても大事な部分で参加が制限され、ほとんど名目ほどには機能していない」と主張し、一例として、結果が拘束力を持つ住民投票制の導入を提案している。運動を行う側の課題として、住民運動が体制側、権力と対立しつつ成果を挙げていくためには、質、量ともに大きく発展していく必要があること、そのためには住民組織同士が連携するだけではなく、国民の健康を守り、よりよい暮らしの実現を目指すという点で共通の目的を持つ労働組合、民主団体、政党との連携を行っていく必要があると主張している（廣井敏男「参加と住民運動」『日本の科学者』Ｖｏｌ．15　Ｎｏ．6　一九八〇）。

この論文は、廣井が常に市民の側に立って行動し、思索してきた結果を著したものだった。一植物生態学者としての殻を自ら打ち破り、市民への温かいまなざしを基に社会問題の解決へ向けて、人文・社会の諸科学の知識と見方も借りながら総合的に検討していくことの重要性について論じている。廣井はこの論文で、現場を重視した市民による環境アセスメント調査結果を基に課題の解決を目指していくこと、市民活動への支援策や提言を通して運動の社会的影響力を大きくしていくための提案を行った。ここでは廣井について、フィールドサイエンティストの定義的特徴である、①科学と社会問題の関連性を追求し、課題解決に関与する現場主義者としての側面、②市民活動への支援や提言活動等を通して社会的影響力を行使する運動家としての側面を確認することができる。この論文の発表時期の一九八〇年頃を境として、廣井は狭山丘陵の里山を守る中心的な人物として活動を行っていくこととなった。論文でも触れられていた市民環境アセスメントについて、廣井は後で述べる早稲田大学進出計画反対運動の場で実践し、埼玉県側の姿勢が開発から保全へと大きく転換する契機を生み出していくことになった。

（注七）環境アセスメント調査とは環境影響評価ともいわれ、開発が環境に与える影響の程度や範囲またその対策について、事前に予測・評価をすること。

四、フィールドサイエンスからフィールド環境思想へ

生態学の潮流

廣井が自らの環境思想を模索していた一九七〇～一九八〇年代の前半にかけて、生態学の潮流はどのようなものだったのだろうか。

生態学は二十世紀初頭に正式な科学としてまとまった後、二つの大きな分野として発展してきた。一つは群集生態学の分野で、競争相手や捕食者によって形づくられた適応に基づいて、異なる種（動物、植物、微生物）が地球上の異なる場所に存在している理由を説明するものだった。もう一つの分野は生態系生態学で、生産者・消費者・分解者の間で、主に物質や栄養素がどのように循環しているのかを研究するものだった。両分野とも人間の影響を受けない自然の中で研究を行うことを目指していた（オズワルド・シュミッツ『人新世の科学―ニュー・エコロジーがひらく地平』二〇二二）。

しかし、一九六〇～一九七〇年代初頭、人類は自分たちの影響を受ける地球環境や地球の有限性を考えざるを得ない状況に直面した。例えば、一九六二年のレイチェル・カーソンの『沈

黙の春』の出版をきっかけとした環境汚染問題への認識の広まり、一九六六年に初公開された宇宙から見た地球の写真をきっかけとした地球の有限性や地球上で生きていくための人類の責任への認識の広まり、また一九七二年の「成長の限界─ローマ・クラブ人類の危機レポート」などで指摘された人口爆発と関連した食糧問題や資源問題への認識への広まりが見られるようになってきていた。

以上のような潮流の中で、一九七二年には地球環境の破壊の進行に対して対策を協議した最初の国際会議であるストックホルム会議が開催され、「人間環境宣言（注八）」が採択された。この会議の成果として、各国政府が「環境」に目覚め、重要な環境問題の国際協定や条約の締結につながり、政府間の国際組織である国連環境計画（ＵＮＥＰ）が創設された。

生物学や生態学分野では、一九六五〜一九七二年に国際自然保護連合（ＩＵＣＮ）の国際的協力活動の一つとして、国際生物学事業計画（ＩＢＰ）が行われ、世界の第一線の研究者多数が協力して地球上の様々な生態系における生物生産の研究が進められ、生態系の諸問題、特に世界人口の爆発的増加に対応する食糧問題に対して科学的根拠を求めようとしていた。そしてストックホルム会議でＩＢＰを引き継ぐ形で、自然及び天然資源の持続可能な利用と保護に関する科学的研究を行う政府間共同事業であるＭＡＢ（人間と生物圏）会議が提唱されたが、その基本的な考え方は、人間活動によって地球上の各種生態系がいかに影響を受けるかを明らかにし、これに適切に対処していこうとするものだった。こうして生態学は、人間活動の影響を受ける自然についての研究も行っていく方向に変化していくことになった。そして廣井も、人間活動による生態系への影響を明らかにしようとしていた。

一方、生態学者は自然保護の問題についてどう考えていたのか。例えば、沼田眞（千葉大学名誉教授。昭和・平成期の生態学者で日本自然保護協会会長を務める）は自然保護に関する論文の中で「人間を動物的存在としての人間、いわば自然的人間として扱う限りにおいては、動物生態学や生物生態学の延長線上で扱うことができよう。が、動物からはみ出した、自然と対立する文化的、社会的、歴史的、精神的存在としての人間、また自然にしても人間の息のかかった自然を扱う以上、自然科学の一分野としての生態学ではもはや律しきれない。当然、社会科学のなかに足を踏み込まざるを得ない」と述べている（沼田眞『自然保護という思想』一九九四）。廣井も自然保護を推進していくためには、生態学だけではなく人文、社会系の知識や見方も借りながら実践していく必要があると考え、既に記載した「参加と住民運動」について論文を発表するなど、生態学者を超えた実践を積み重ねていった。

（注八）人間環境宣言とは、人間を取り巻く環境の健全な維持を求めて発せられた宣言。人間は科学技術の進歩により環境を変革する力を獲得したが、それを賢明に用いなければ計り知れない害を及ぼすことを十分に認識し、この歴史的転回点で自然と協調しながらすべてのレベルでの責任をまっとうし、人間環境の保全と改善を目指して努力することが要請されている。

「社会化された自然」の提唱

廣井の言う「社会化された自然」とはどういう意味なのか。廣井はこれを概略、以下のように説明している。人類は野生の動植物を家畜や農耕植物へと取り込みながら社会を発展させてきたが、その結果、世界の地表のほとんどは原生的な自然からはかけ離れた、いわば人類の生存に適合した独自のシステム（人類システム）を創り上げてきた。人類システムを創り上げたとはいっても、これは自然とはまったく絶縁したものではなく、このシステムは自然に影響を及ぼし、自然を支配管理し、あるいは人工化したということである。言い換えれば、人類は人類を取り巻く自然を社会化してきたとも言えるが、この結果、見られるようになった自然、原生のままでない自然が「社会化された自然」であると述べている（廣井敏男「自然保護とはなにか」『季刊　科学と思想』No．54　一九八四）。社会化された自然には農耕地や牧草地の他、里山を構成する二次林としての雑木林や農地、ため池なども含まれ、我が国ではほとんどの土地が社会化された自然の土地である。

廣井が自身の著作で初めて社会化された自然である雑木林の保護を訴えたのは一九七九年である。廣井は「保護の対象となるべき植生は、いわゆる植生自然度（注九）の高いもののみではない。農業活動との関係で成立してきた二次林や屋敷林、河辺林あるいは寺社林などの平地林は、植生自然度は高くない半自然林であるが、保護の対象としては考慮されなければならない」と述べ、さらに「平地林の持つ価値として、文化財とでも言うべき側面を指摘しなければならない。平地林の多くは長い歴史を持つ農業生産との関連を持ちつつ、また地域の人々の日常生活の体験の中から形成されてきたものである。この点からも地域の文化の理解の上でかけがえのない価値を有しているといえよう」と述べ、平地林の文化的な価値にまで言及している（廣井敏男「植生の保護」『自然保護の生態学』一九七九）。

しかし、一九七九年時点で廣井は、人間と自然との普遍的な関係性や自然保護についての根源的な意味までは言及していなかった。これらの整理は、一九八四年まで待つこととなった。

廣井は一九八四年に「自然保護とはなにか」を発表した。この論文で人間と自然との関わり方について考察し、人間以外の動物と異なり、自然に働きかけこれを変革して利用することが人間の自然な営みであること、その結果、社会化された自然の姿が現代の自然の基本的な姿であること、しかし一方で、人間が自然界の一存在であることを忘れると、メソポタミアやギリシャ、小アジアで見られた森林の消滅と土地の保水機能の破壊などに起因する国土の荒廃につながったと述べている。そして、自然が人間にとって不可欠なものという前提に立って、自然の法則を正しく理解し、それにのっとって利用することが重要である。さらに、なぜ自然保護が必要なのかという問いに対して、自然が人間生活の物質的基盤であること、より端的にいえば人間にとって必要だからだと述べている（廣井敏男「自然保護とはなにか」『季刊　科学と思想』No．54　一九八四）。結びで廣井は、「人間がますます社会的存在に発展していっても、脳髄の一個の細胞まで、血の一滴まで自然的存在であることには変わりない。とすれば、自然なしには、そして自然の法則を無視しては生きられない。人間が自然を支配・管理する＝社会化するということは、自然の法則を十分に理解し、それにのっとって利用することであり、破壊することではない。自然の法則を理解して利用することのなかには、人間に必要な自然は自然のまま保全することも含まれる。これが自然保護である」と主張した（同）。

廣井はこの論文を発表することで、人間と自然との普遍的な関係性や自然保護についての根源的な意味についての考え方を整理し、「社会化された自然」を提唱した。そしてその価値を認め、守っていくことが重要という自らの環境思想を実践を通して生成した。

（注九）植生自然度とは、人為の影響を受ける度合いによって、人間の手の加わっていない土地を10、緑のほとんどない住宅地や造成地を1とし、それぞれの土地を10段階で表示する。

五、「社会化された自然」の思索と体現

生態系―地域社会の一元論

「社会化された自然」とは、人間が生活していくために手を加え続けてきた自然、例えば農地や牧草地、雑木林を中心とした里山などのことを指す。廣井は社会化された自然を根本的な存在と捉え、地域の生態系や社会を一元的に捉えようとした。

それでは、社会化された自然にはどのような価値があるのか。廣井は自然に働きかけ、変革

して利用することが人間の自然な営みであると考えた。その結果としての里山には、人間が利用するからこそ価値があり、だから守らなければならない。廣井は薪炭や堆肥の原料調達の場などとされていた雑木林だけでなく、大昔の人間が自然を利用していた証しである文化財、里山の暮らしぶりや民俗行事などの精神文化にも価値を見出していた。このうち文化財については、「地域の自然や文化財が一体となって生きた資料になり、科学的な地域史を育み、地域文化の創造発展の土壌となることから保護が必要だ」と述べている（廣井敏男・勅使河原彰（一九八五）「自然と文化財の保全」『人間と環境』一一巻一号）。そして現代的な意味では、緑の塊としての存在やレクリエーション的利用にまで価値を見出し、だから守らなければならないと考えた。

なお、この考え方は、自然を産業の発展のための資源として捉える西洋の「人間中心主義」や、二次的な自然ではなく原生自然の保存を目指したアメリカのロマン主義的な「自然中心主義」とは一線を画している。

また廣井は、社会化された自然について、人間を他の生物と同視し、人間にも生態系の一員として節度ある振る舞いが必要だと考えた。廣井は、「人間は他の生物と同じく自然史過程の中で生み出され、他の様々な生物を含めた有機的結合のなかに組み込まれて進化してきた」と述べ、他の生物それ自体が自己を目的とする存在であることから、人間の目的から独立した価値を認めている。そして、「自然を社会化するということは、自然の法則を十分に理解し、それにのっとって利用することであり、破壊することではない」と述べている（廣井敏男「自然保護とはなにか」『季刊　科学と思想』五四号　一九八四）。

この考え方は、人間と自然とを二つに分けて論じるのではなく、ある土地に生きる人間と自然、生物の関係全体が生命共同体を構成するものとして捉え、その全体を保護管理の対象にすべきとするアルド・レオポルド（アメリカの生態学者、一八八七〜一九四八）が提唱したランドエシック（土地倫理）の考え方に近い。レオポルドは共同体という概念を人間社会だけでなく、土壌、水、植物、動物にまで拡大し、生物個体の利益ではなく生物共同体全体の利益を重視する。レオポルドは「人間と自然とを二つに分けて論じるのではなく、ある土地に生きる人間と自然、生物の関係全体が〝生命共同体〟を構成するものとして捉え、その全体を保護管理の対象にすべきである」と主張した（レオポルド『野生のうたが聞こえる』講談社学術文庫　一九九七）。

一方で廣井の考え方は、全体論（人間も含む生物個体の利益よりも生態系全体の利益を優先させることに重点が置かれるなどの考え方）までは考えていなかったと思われる。全体論的な見地を極限まで推し進めれば、生態系の維持のためには人口の調整も必要と考えるなど、人間の倫理に網をかけることにつながるが、廣井の考え方は、全体論が前提となる「生態系中心主義」とは異なるものだった（図2）。

図2

「社会化された自然」の価値

・社会化された自然とは→人間が生活していくために手を加え続けてきた、原生のままではない自然

・自然に働きかけこれを変革して利用することが人間の自然な営みであり、その結果、社会化された自然の姿が現代の自然の基本的な姿である

・雑木林などの社会化された自然には、人間と自然との調和的な自然観に基づいた価値（下記）がある

人間が利用するから価値がある

・薪炭や堆肥の原料調達の場として、昔の人の生きた証しの文化財として、現代人のレクリエーション的な利用など、人間が利用するから価値がある。自然を産業の発展のための資源として捉える西洋の「人間中心主義」とは一線を画す

個々の生物や生態系にも価値がある

・人間を他の生物と同視し、個々の生物や生態系にも価値があるから、人間にも生態系の一員として節度ある振る舞いが必要である。全体論が前提となる「生態系中心主義」とは異なる

以上の社会化された自然の価値の捉え方には、底流に廣井の人間と自然との調和的な自然観が影響している。既に述べた通り、廣井は田中正造から大きな影響を受けていたと考えられる。田中は晩年、堤防万能主義の西洋式治水（高水工事）に反対し、治水と治山を重視する水系一貫の思想に基づく低水工事を主張した。低水工事とは、川の自然力を信頼して蛇行させせながら水の力を弱め、ある一定以上の洪水は越流させることを前提に、自然の遊水池機能を持った土地を開発せずに残しておく方法である。そして水系一貫の思想により、上流から下流までを有機的一体のものとして把握し、治水だけでなく治山も重視するものである。これは高水工事のように自然を対立征服すべきものと考えるのではなく、低水工事のように自然に溶け込み、自然と一体となって生きていくべきであると考えられていたと思われる。さらに田中は、自然と人間との関係について、「人は万物の霊長」という人間の優越性を排し、人は「万物の奴隷でもよし、万物の奉公人でもよし、小使いでもよし」「万事万物に反きそこなわず、元気正しく孤立せざること」と述べ（田中正造全集編纂会「田中正造全集第一二巻」一九八〇）、自然の中で様々なものの恵みを受けながらお互い生かされている存在であることを強調した。この自然と人間との関係、自然を対立征服すべきものと考えるのではなく、自然に溶け込み、自然と一体となって生きようとする調和的な自然観が廣井の環境思想にも影響している。

廣井は社会化された自然を軸に、地域社会の様々な人間活動や事象を一元的に捉え、社会化された自然の価値を認め、これを守っていくことが重要と訴え、自らの環境思想を生成した。廣井が狭山丘陵で反対運動を牽引していた一九七〇～一九八〇年代前半、日本では主として公害問題等を契機として自然保護運動の展開が強まったものの、環境哲学や環境倫理学の展開には至らなかった。日本で「環境思想」という言葉が散見されるようになったのは、一九九〇年代に「環境哲学」などの著作等が紹介されるようになってからであることから（松野弘『環境思想とは何か―環境主義からエコロジズムへ』ちくま新書　二〇〇九）、廣井は独自の視点で環境思想を体現していったと考えられる。

フィールドにおける実践的探究

廣井は社会化された自然を守っていくために里山というフィールドで実践的に探究を行っていったが、その里山保全の方法論にはどのような特徴があったのか。以下、大きく四つの視点から見ていきたい。

第一に、常に市民の側に立って考え実践していくこと、そして雑木林などの二次的な自然だけでなく、文化財や文化、現代的な意味では緑の塊やレクリエーション的な利用も踏まえ守っていくことに特徴がある。これは、廣井が一貫して市民側に立って行動し続けてきていたこと、また社会化された自然の価値として、薪炭や堆肥の原料調達の場としてばかりでなく、昔の人の生きた証しの文化財として、現代人のレクリエーション的な利用など人間が利用するから価値があると考えていたことを反映している。

第二に、生態学だけでなく総合的な視点から検討を行い実践していくこと、保全のための合意形成を図り、ボランティアを主体に保全活動を実践していく方向で考えていたことに特徴がある。これは廣井が自然保護を推進していくためには生態学だけではなく、人文、社会系の知識や見方も借りながら実践していく必要があると考え、既に記した「参加と住民運動」について論文を発表するなど、生態学者を超えた実践を積み重ねていたことを反映している。

第三に、自然の法則性を理解した上で守っていくことに特徴がある。これは廣井自身の人間からの影響を踏まえた研究姿勢や、個々の生物や生態系にも価値があるから人間にも生態系の一員として節度ある振る舞いが必要だと考えていたことを反映している。

第四に、次世代へ引き継いでいく仕組みを構築していくことに特徴がある。これは廣井の環境思想を代表例として、廣井が常に持続可能な仕組み作りを念頭に置いて思索し行動していたことを反映している（図3）。

これらの方法論が実践されることにより、廣井の環境思想は思想の生成期を経て、実践期、定着期へと変遷していった（図4）。

図3

里山保全の方法論

市民の側に立ち、雑木林などの二次的な自然だけでなく文化財等も含め守る

・常に市民の側に立って考え行動、提言

・文化財や文化、現代的な意味では緑の塊やレクリエーション的な利用も踏まえ守る

総合的な視点から考え守る

・生態学だけでなく、総合的な視点からの検討を行い実践

・保全のための合意形成を図り、ボランティアを主体とした保全活動を実践など

自然の法則性を理解した上で守る

・人間からの影響を踏まえた現場重視の研究やコドラート調査に基づいた管理など

次世代に引き継いでいく仕組みを構築する

・次世代を意識的に育てていくことが重要

・次世代も里山の保全形態や保全方法の合意形成を図りながら保全活動を実践など

図４　廣井の環境思想の生成、実践、定着

年	廣井にとっての主な出来事	
1933	群馬県に生まれる	
1965	理学博士（東京大学）	
1969	東京経済大学経済学部助教授	思想の生成
1971	公団住宅建設反対運動のリーダー就任	
1972	市民推薦の委員として東京都自然環境保全審議会委員に就任	
1973	論文発表「生態学的環境論」（共著）、東大和市環境保全審議会委員	思想の実践
1978	東大和市環境を考える会代表に就任、神岡鉱山荒廃地植生復元活動をスタート	
1979	平地林の保護や雑木林等の文化財的な価値について主張、論文発表「植物の種の保護」	
1980	狭山丘陵の自然と文化財を考える連絡会議の立ち上げに尽力、狭山丘陵を市民の森にする会の代表に就任、論文発表「参加と住民運動」	
1982	早大進出計画反対運動で市民環境アセスメントを主導、同アセスメント中間報告会（公開討論会）	
1983	文化財保全全国協議会で「身近な緑を守る」をテーマに講演、狭山丘陵の植生調査に精力的に取り組む	
1984	早大進出計画で三者合意、雑木林植物館構想のとりまとめを主導、論文発表「自然保護とはなにか」	
1986	雑木林博物館構想のとりまとめと発表	
1988	となりのトトロの大ヒット	思想の定着
1990	トトロのふるさと基金委員会発足に尽力、緑の森博物館の植生管理の提案書づくりに着手	思想の全国展開
1991	トトロの森１号地での植生調査	
1992	狭山緑地の保全活動を指導（学術的な植生調査；～ 1993）	
1997	狭山緑地「雑木林の会」発足、顧問に就任	
1998	トトロのふるさと財団設立、初代理事長就任	
1999	論文発表「二次林の保全および管理に関する研究（狭山丘陵が題材）」	
2000	都立野山北・六道山公園で管理運営協議会の設置、委員長に就任。同公園でボランティアによる保全活動が始まる	
2001	著書『雑木林へようこそ！－里山の自然を守る』新日本出版社発行	
2004	東京経済大学退職 著書『里山はトトロのふるさと』（旬報社ブックス）旬報社発行	
2006	トトロのふるさと財団の理事長退任	
2010	SATOYAMA イニシアティブ	他の市民活動と共振しながら思想の世界展開
2017	死去	

Ⅱ章　フィールドサイエンティストとしての日々

一、市民運動へのコミット

早稲田大学進出計画反対運動

一九八〇年に勃発した早稲田大学進出計画反対運動では、一九八四年の論文「自然保護とはなにか」の発表前であったが、廣井が自らの環境思想を本格的に実践していく場となった。早稲田大学は創立百周年（一九九二年）を記念する事業として、所沢市内の狭山丘陵の一画に開発面積三七・八ヘクタールの新キャンパスを建設する計画を立てた。その計画地は県立狭山自然公園（普通地域）内であり、大半は雑木林で一部に湿地を含んでいたが、多くの遺跡が出土する場所だった(P．9)。狭山自然公園は地域制の公園で、一定区域内の土地の権原《けんげん》に関係なく、その区域を公園として指定し土地利用の制限などを行うもので、普通地域内で開発を行おうとする場合、県の許可ではなく、届出だけで足りた。同年に作成された計画の第一次案では、そのまま建設が進められれば湿地は姿を消し、雑木林も相当な面積にわたって消滅することが明らかな内容だった。これに対し、市民活動団体が直ちに結束して連合組織をつくり、狭山丘陵の自然を守り文化財を保存するための運動を進めていくことになった。これを契機として次々と開発が進められれば、県立狭山自然公園とは名ばかりで、多摩ニュータウンの造成が始まり、あちらこちらに虫食い状に開発されてしまっていた多摩丘陵の二の舞いにならないとも限らない、というのが市民活動の危惧であり、運動が共有する論理だった。

一九八〇年、狭山丘陵の自然や文化財に危機感を感じた自然保護団体や歴史研究団体などから構成される「狭山丘陵の自然と文化財を考える連絡会議（以下、「連絡会議」）」が十の団体により結成された。考古学が専門の戸沢充則明治大学教授（当時）と、植物生態学が専門の廣井、日本野鳥の会のメンバーが中心となって連絡会議が発足。参加団体は両都県にまたがっており、しかも参加団体のそれぞれが狭山丘陵に根ざした研究や調査、運動を連絡会議の結成以前から積み重ねてきていた。そして、この連絡会議が主として早稲田大学当局や県、市とのハードな交渉を行う役割を担っていくことになった。

廣井は、科学と社会問題の関連性を追求し、課題解決に関与する現場主義者として、また市民活動への支援や提言活動などを通して社会的影響力を行使する運動家として、すなわちフィールドサイエンティストとして連絡会議の立ち上げや運営に関与していった。連絡会議は埼玉県や所沢市に対して要望書や公開質問状、抗議文などの提出を行い大学進出計画に対抗していくが、流れが大きく変わったのは、市民自らが主体的に調査を実施する、市民環境アセスメント調査の実施だった。

当時、環境影響評価法や埼玉県の環境影響評価要綱が公布される前だったが、早稲田大学が自主的に環境アセスメント調査を行うことになった。埼玉県では、一九八一年に「環境影響評価に関する指導要領」が制定されたものの、早稲田大学の開発は指導要領の適用されない開発だった。しかし、社会的関心の高い開発であったことから、埼玉県が指導要領に準じた報告書の作成を求め、一九八一年にその調査結果が中間報告書としてまとめられ、県に提出された。大学側が実施した環境アセスメント調査（中間報告書）の内容は、狭山丘陵の雑木林は原生林ではなく二次林であるため価値は高くないとするなど問題のある記述が見られ、連絡会議から見て不十分な内容であり、納得することのできる内容ではなかった。そこで廣井らは、自分たちでしっかりとした調査報告書を作ろうということになり、市民自らが環境アセスメント調査を実施した。文化財関係は考古学者である連絡会議代表委員の戸沢充則が、そして自然環境関係は同年、廣井が主に狭山丘陵の自然の素晴らしさを広く市民に知ってもらう目的で「狭山丘陵を市民の森にする会（以下、「市民の森にする会」）」を立ち上げ、代表委員にも就任して独自に仲間と共にアセスメント調査を進め、その結果を基に交渉を進めることになった。廣井によれば、市民の森にする会のメンバーが、仕事を犠牲にしながらも夢中になって調査を実施し、調査をまとめ上げたとのことだった。

一九八二年、連絡会議は早稲田大学に対し、連絡会議、大学の双方がそれぞれ独自に実施したアセスメント結果を踏まえた公開討論会の開催を要求し、同年に開催へこぎ着けた。この公開討論会は、県の責任者やジャーナリスト、それに多くの市民立ち会いの下で開かれたが、大学側は開発の根拠の一つとした調査内容の不備を認めるに至った。この公開討論会の様子がいくつかの新聞（全国紙）に掲載されたことから大きな関心を呼び、情勢が変わっていくことになった。市民側に立つ廣井らは、専門知識を武器に市民環境アセスメント調査を実施して公開討論会の開催にこぎ着け、自分たちの主張を認めてもらうことができた。これはフィールドサイエンティスト廣井が運動家として先頭に立ち、課題解決に向けて現場主義者として仲間と共に市民環境アセスメントを実施した成果であった。

一九八三年、早稲田大学は環境影響評価の最終報告書を県に提出したが、根本的な調査不備などの諸問題は解決されておらず、連絡会議は最終報告書に対する批判を行った。一方、大学側が樹林地部分を比較的含まない区域への計画区域の変更案を示したことから、県が開発計画に前向きな姿勢を示すようになり、県のアセスメントの審議会では条件付きで大学の立地を認める方向で進められることになった。一九八四年になると、県から連絡会議に対して妥協点を探る話し合いが提案された。

一九八四年、県知事と面会した連絡会議は、「計画変更案は、不備な点もあり満足できる内容ではないが、やむを得ない」として受け入れを表明した。結果として、早稲田大学のキャンパスは建設されることになったものの、開発計画の縮小と湿地の保全が図られ、同年、以下の内容の三者合意（県、早稲田大学、市民活動団体）に至った。

1　早稲田大学は、埼玉県の指導に基づいて、狭山丘陵の自然がよりよく残せるように、計画を変更する。
2　保護団体は、埼玉県の努力および早大の計画変更を評価して、その立地を受け入れる。
3　埼玉県は、狭山丘陵の保全を行政姿勢として打ち出す。

三者合意は埼玉県が開発志向から保全志向へと大きく変わるターニングポイントとなり、狭山丘陵ではエコ・ミュージーアム（さいたま緑の森博物館）の整備などが行われることへつながっていった。一九七〇年代までの市民活動は開発反対運動であったが、早稲田大学の進出計画では、市民活動は開発反対運動と市民環境アセスメント調査を経ながら県に提案していく複合的な活動へと歩みだした。行政と市民活動との協調路線は、この三者合意を経て始まっていった。

この運動で廣井は、社会化された自然には遺跡が含まれること、遺跡についてはそれが存在する自然環境と一体となって保全されて初めて真の意味で保全されると考えた。廣井と共に市民活動を行ってきた文化財保存全国協議会の勅使河原彰は、「同会が一九八〇年代から自然と文化財の統合を主要なテーマとして掲げて、運動を大きく前進させることができたのは、廣井の「社会化された自然の価値」に学んだからにほかならない」と述べている（勅使河原彰（二〇一八）「廣井敏男から学んだこと」『狭山丘陵とともに　廣井敏男先生を偲ぶ』）。廣井は雑木林の中にある文化財の保存にも大きな作用を及ぼした。

その後、三者合意がせっかく成立したのにもかかわらず、地元住民たちに対して連絡会議や市民の森にする会の活動に反対する運動を展開するよう扇動する議員が出てきた。これに対抗するために廣井らは、地域の雑木林は誇るべき存在だということをアピールすべく、所沢市と入間市で一般市民向けの「狭山市民大学」を開催し、結果的には多くの市民に対して郷土の自然や文化財の重要性を理解してもらうことができた。廣井は、机上の研究のみに没頭することなく市民に向けた学習機会を積極的に設けるなど、地域の課題解決へ向けて運動家として活動し、フィールドサイエンティストとしての社会的役割を果たしていった。

「雑木林博物館構想」の提唱

三者合意に至り、早稲田大学所沢キャンパスの一件が決着したとはいえ、狭山丘陵にはまだ広大な面積の里山が残っていた。連絡会議や市民の森にする会は、狭山丘陵の里山を市民の森として保全するための方策を検討、一九八四年に「狭山丘陵を市民の森にする集い」を開催し、「雑木林博物館構想」の骨子（Ｂ５版六ページのパンフレット）を取りまとめて発表した（**写真３**）。構想が発表される前の一九八三年から、廣井は狭山丘陵の植生調査に精力的に取り組んでいた。雑木林博物館構想の基本となる保全観は、狭山丘陵の自然を生かしつつ利用するというもので、この地域の公有地化によって、雑木林の新しい利用を図ろうとするものだった。雑木林博物館構想は、三者合意で狭山丘陵の保全を表明した埼玉県に対し、市民側からの保全構想を提案する必要から作成されたものだった。その後一九八六年に、市民による綿密な調査と多くの検討・討議を経て「雑木林博物館構想（B４版九二ページ）」が発表された（写真４）。

写真３　1984 年　雑木林博物館構想パンフレット

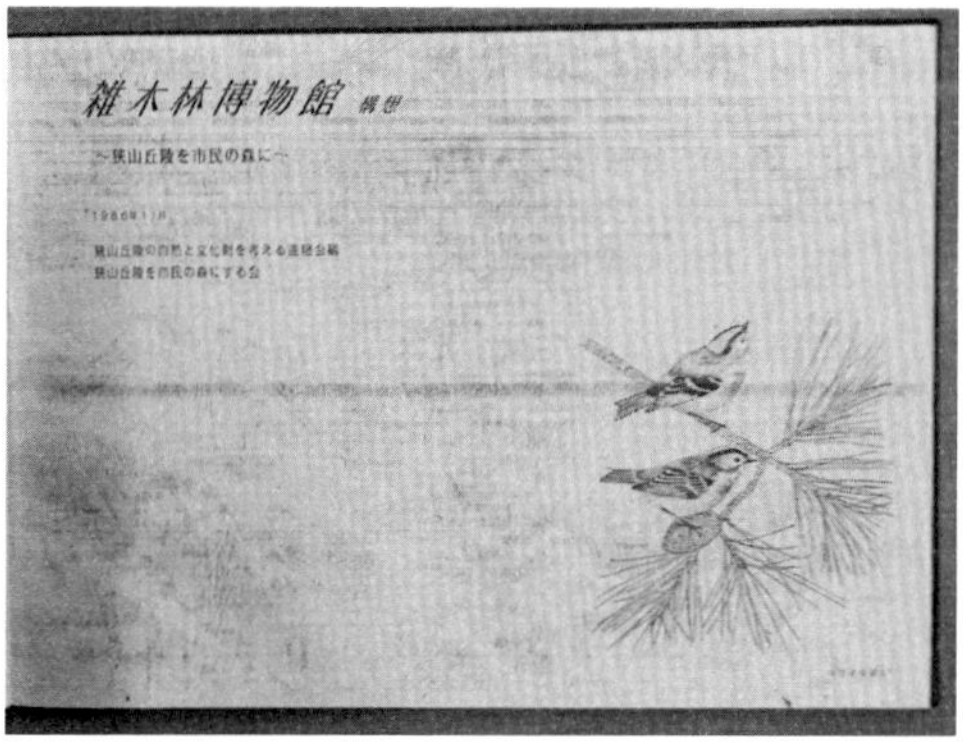

写真4　1986年　雑木林博物館構想

雑木林博物館構想は、雑木林の多面的な機能をまるごと博物館として保全し、持続的に活用していくことに大きな意義があるとするものだ。東京都側を含めた狭山丘陵全体を対象とし、社会環境と歴史環境、自然環境の三つの切り口から調査を行った上で、保護地区（主に水道局用地）と保全地区（雑木林の管理を基本とする保全・活用部分と広場・休憩地等の人とのふれあいの場である利用部分に分かれる）とにゾーニングを行い、狭山丘陵のブロックごとの保全・活用構想について提言を行っている。さらに、入間市と所沢市にまたがる宮寺・堀之内地区については、より具体的な構想を提案し、埼玉県が「さいたま緑の森博物館」を設置していく契機となり、市民提案が県の保全政策の展開に大きな作用を及ぼしていくことになった（雑木林博物館〈宮寺・堀之内地区〉と県の緑の森博物館と名称は異なるが、ほぼ同様の内容となっている）。さらに構想実現へ向けて必要なこととして、「適正な管理運営システムの導入」などがうたわれ、市民参加による公園の管理運営協議会の設置や地域ボランティアの組織化が提案されるなど、将来の市民参加システムと里山の未来への継承を見通した内容となっていた。

この構想は、廣井の社会化された自然を守っていくことが重要という環境思想をベースとし、里山保全の方法論の内容も確認することができる。構想をまとめるにあたって、廣井は深い構想力を基に多くのメンバーに適切なアドバイスを与えた。そして、廣井の環境思想の総まとめ、また以降の運動の求心力（バイブル）としての構想であったと考えられる。そして廣井は、提言活動を通して社会的影響力を行使する運動家として、フィールドサイエンティストの社会的役割を果たしていった。

ナショナル・トラストの立ち上げ

一九九〇年、埼玉県はさいたま緑の森博物館の実現へ向けて動き出した。しかし、構想を具体化する段階になって、当時の地価の上昇にはすさまじいものがあり、土地を公有地化するには膨大な予算が必要になることから、計画の実施が大きく遅れることになった。一方、当時は多量の建設残土の捨て場として狭山丘陵が狙われ、また建設資材の置き場もあちらこちらに作られた。狭山丘陵の自然を守っていくためには、一刻の猶予も許されない事態となっていた。

これ以上の破壊から狭山丘陵を守るために、県の事業（緑の森博物館）の早期実現へ向けた世論形成、さらに狭山丘陵の価値をより多くの人に知ってもらうために、ナショナル・トラスト運動（注十）を展開すべきだという意見が連絡会議の中から出された。この背景として、資材置き場のような小さな開発に対しては相手との直接交渉や行政への働きかけによる解決が困難であったため、このことが運動立ち上げの大きなきっかけとなった。当初、民間で土地を購入して保全するのは行政の怠慢を不問にすることだというような意見があったものの、他に有効な対策がなかったことから、結局、ナショナル・トラスト運動が始められることになった。

こうして、一九九〇年に「トトロのふるさと基金委員会」が発足した。連絡会議、市民の森にする会の他、埼玉県野鳥の会も含めた三団体が幹事団体となり、これまでやってきた運動の次のステップとして新たな協力態勢を取っていった。

基金委員会の名称は、一九八八年に大ヒットしたアニメーション映画『となりのトトロ』から取ることになった。原作者である宮崎駿氏が所沢市に住んでおり、市民活動団体から狭山丘陵のナショナル・トラスト運動のシンボル・キャラクターとしてトトロを使用することをお願いしたところ、了解が得られたためである。トトロの名前を使用したことで、全国の幼児から高齢者まで多くの人々の注目を集め、地域の市民活動や自治体政策にも大きな作用を及ぼした。

そして集まった資金により、一九九一年にはトトロの森一号地（写真5）、一九九六年にはトトロの森二号地、一九九八年にはトトロの森三号地とトラスト地（注十一）が誕生していった。そしてナショナル・トラスト運動は、結果として社会化された自然を守っていくことが重要という環境思想の全国的な展開につながっていった。

写真５　トトロの森一号地

トトロのふるさと基金委員会は、一九九七年にトトロのふるさと基金に改称、一九九八年には財団法人トトロのふるさと財団に改組され、廣井が初代の財団代表に就任した。それまでは任意団体（注十二）だったことから取得した土地の登記を他団体に委ねていたが、財団設立により、自らが地権者になり得るようになった。トトロのふるさと財団（二〇一一年に公益財団法人トトロのふるさと基金に改称）では、多くの仲間と共にトラスト地の取得活動や保全活動、調査研究活動、普及啓発活動、環境教育活動などが行われた。そして、これらの多くが政策へコミットしている。例えばトラスト地の購入では、市や県と連携してトラスト地周辺の公有地化を図ってもらい、雑木林の維持管理ではさいたま緑の森博物館や都立公園での市民参加を前提とした維持管理の計画立案に参画して狭山丘陵全体をリードしていった。調査研究活動では実際の調査結果を踏まえ、行政にゴミの不法投棄防止などの提言を行っている。これらの活動は行政に対して多くの作用が及び、狭山丘陵の里山を守っていくことへつながっていった。一方、二〇〇〇年代前半にはトラスト地がなかなか拡大しない状況に陥り、組織としてのアイデンティティの見直しが検討された。その結果、二〇〇七年に理事長を含めた財団執行部が一新され、廣井も理事長を退任した。

廣井は二〇〇〇年代はじめにかけて、課題解決に関与する現場主義者として、また社会的影響力を行使する運動家として、すなわちフィールドサイエンティストとして財団の業務への関与を行っていった。一方、廣井にとってのナショナル・トラスト運動は、狭山丘陵の里山保全のあくまで一つの仕掛けであり、それ以外の里山保全のための運動や地域づくりと一体となることによって、初めて狭山丘陵の里山保全が達成されると考えていた。

（注十）ナショナル・トラスト運動とは、貴重な自然環境をとどめている土地や優れた文化財を市民らが募金を集めて買い取ったり、寄贈したりして保護・管理していく運動のこと。
（注十一）トラスト地とは、ナショナル・トラスト運動によって購入し、管理されている土地のこと。
（注十二）任意団体とは、同じ目的を持つ人々でつくる、法人格を持たない団体のこと。

狭山丘陵のリーダーへ

廣井はナショナル・トラスト運動以外でも現場主義者として、また運動家として里山を守っていくことを総合的に検討・実践し、狭山丘陵のリーダーとなっていった。

野山北・六道山公園は、計画面積二五三・二ヘクタール（一九九五年当時）の大きな都立公園である（P．9）。東京都が狭山丘陵の公園で市民を交えて里山としての姿や維持管理方法を本格的に検討し始めたのは、野山北・六道山公園の基本計画策定時からである。一九八八年に公園の一部は開園されていたものの、多くの樹林地や湿地は用地買収されたまま手つかずの状態で残されていた。一九九五年に公園の基本計画の検討が始まり、東京都の主導ではあったが、同年に廣井を含む八人の学識経験者で構成される「野山北・六道山公園を考える会（以下、「考える会」）」が開催された。考える会では公園整備の基本的なコンセプトの確認や整備方針、公園の自然環境保全に関するゾーニング、樹林地管理や生態系の質の向上に向けた管理などについての検討が行われた。一方、同年に都とトトロのふるさと基金や連絡会議、他二団体が参加する「野山北・六道山公園懇談会（以下、「懇談会」）」が開催され、公園のゾーニングや樹林地管理案などについて検討が行われた。そして考える会と懇談会との協議により、公園の計画目標・基本方針として、継続した維持管理を前提とした雑木林を核とする緑の保全を行っていくこと、里山の文化や自然とのふれあいのある公園としていくこと、市民と連携しながら将来に向けて育まれる公園づくりを行っていくことが決まった。公園の計画目標・基本方針には、雑木林の価値を認めた上でそれを市民が育て上げていくことなど、廣井の社会化された自然を守っていくことが重要という環境思想や里山保全の方法論が色濃く反映されたものとなっていた。それらの考え方は、他の狭山丘陵の都立公園の計画目標・基本方針にも広がっていった。

その後、二〇〇〇年には同公園で、里山風景を後世に残し里山文化を継承していくための管理運営上の問題について、都と地元自治体や市民活動団体が協働で継続的に協議を行っていく「管理運営協議会」が立ち上げられ、廣井が委員長に就任した。この協議会は雑木林博物館構想で提案されていた「適正な管理運営システムの導入」の内容に沿うもので、地域ボランティアの組織化などについても協議されていくこととなった。

廣井は居住地である東大和市でも雑木林の保全に尽力した。一九七三年より、東大和市の環境保全審議会の委員を務めていたが、市立狭山緑地の保全策については市との信頼関係をベースに実践を積み重ねていった。狭山緑地は一九七九年に開園した都立東大和公園の西側にあり（P.9）、東大和市は一九八一年に雑木林を市立公園として守っていく方向性を打ち出し、一九八五年に狭山緑地として一部開園した（一九九〇年に最終的に一六・三ヘクタールまで拡大。写真6）。狭山緑地では一九九二年、廣井の助言により、雑木林の現状を調査した上でその更新方法を提案することを目的に調査が始まり、一九九三年に萌芽更新（注十三）の作業が実施された。この作業で廣井は伐採作業や植生調査全般について、学生も動員しながら主導していった。これを踏まえ、市では一九九三年に狭山緑地について、市民にとっての都市林、生物的特性の保持空間、自然ないし環境学習の場および郷土学習の場としていくことを保全上の

写真６　狭山緑地

基本方針として決定し、その実現に向けた保全方法を検討することになった。この基本方針は、里山は人間が利用するから価値があること、他の生物や生態系の価値を認めること、次世代への継承を考えていくことなど、廣井の環境思想や里山保全の方法論を読み取ることができる。その後、東大和市は里山の保全を市民が行い、次世代に引き継いでいこうという呼びかけを行った。一九九六年に廣井の提案によりボランティア募集を行ったところ、多数のボランティアが集まり、廣井の指導で勉強会や萌芽更新作業に取り組んでいくこととなった。一九九七年にはこのボランティア集団を母体として東大和市狭山緑地雑木林の会（以下「雑木林の会」）が誕生し、現在に至るまで雑木林や竹林の管理活動、観察会の開催などに取り組んでいる。雑木林の会の顧問には発足当初から廣井が就き、自らの環境思想を市民に説き、環境思想やその里山保全の方法論を実践していく仲間が増えていった。廣井は市の環境保全審議会の委員として植生調査やボランティア募集を主導し、一方では市民活動団体の顧問として市民ボランティアの育成に尽力し、フィールドサイエンティストとして社会的影響力を意図的に行使していった。

廣井は他にも、一九八七年に瑞穂町に対して狭山丘陵の自然を生かしたまちづくりを提言した。瑞穂町の市民活動団体である瑞穂自然科学同好会は、瑞穂町から御伊勢山運動公園計画地とその周辺の動植物生態調査の依頼を受け、廣井らに植物調査の協力を得て調査を実施した。その調査報告書提出後、この自然を生かしたまちづくりに関する提言を廣井に書いてもらい、瑞穂町長へ提出した。雑木林を保全しつつ多目的に利用することを核心としたまちづくりを行うべきだとする内容であり、廣井の社会化された自然を守っていくことが重要という環境思想が貫かれた内容となっている。また、一九九〇年前後に里山の保護運動が進められていた東村山市と所沢市境の八国山緑地（P．9）では、市民活動団体が自主的・主体的な調査・研究活動を実践するとともに具体的な保全策を積極的に提案していたが、その運動の輪の中心には常に廣井がいた。廣井は狭山丘陵全体の司令塔として重要な役割を担い続け、その社会化された自然を守っていくことが重要という環境思想や里山保全の方法論は、ぶれることなく一貫していた。

（注十三）萌芽更新とは樹林を人為的に更新する方法の一つで、樹木を伐採し、その切り株や木の根元から伸びた萌芽を生長させ、新たな樹林の再生を図る方法。

二、雑木林研究への決意

廣井の環境思想が形成されつつあった一九七八〜一九八四年以降、廣井の発表した論文には、大都市近郊の雑木林に関連したものが多く見られるようになってくる。

それらは、雑木林研究への決意を読み取ることができるものだった。例えば、一九八三年の社会化された緑の重要性と生態学的視点を超えた総合的な視点からの保全を提言している「横浜市の二次林の特徴とその保全の考え方」、一九八六年の国分寺市内に残っている雑木林の植生や市民の意識調査結果を基に利用と保全とが両立する管理を提言している「都市林の保全と管理一」、都市化により二次林が小斑状《こはんじょう》に残ってしまった林の保全の知見を得るための論文である「関東地方低地における二次林の植物社会学的研究」、一九九九年の狭山丘陵を題材とした雑木林の管理が放置された結果、アズマネザサが優占化している植生の問題点などについて著した「二次林の保全および管理に関する研究」などがある。これらはいずれも、社会化された自然への人為的な影響や雑木林内の種や生物群集の法則性を明らかにする研究、また雑木林の維持管理の方向性について研究したものとなっている。廣井は狭山丘陵での里山の保全策を検討、実践しつつ、研究を深めていった。

また、一般市民向けに身近な緑を守っていくことを論じた著作には、一九八三年の「身近な緑を守る―身の周りから消えていく緑」、一九九五年の「身近な緑の保全」など多数あり、自らの環境思想を様々な場で情報発信していった。

廣井は課題解決に関与する現場主義者として、また社会的影響力を行使する運動家として、すなわちフィールドサイエンティストとして研究し、情報を発信し続けていた。

三、ライフワークの継承

保全活動への情熱

廣井が本格的に里山の維持管理方法の検討に入ったのは一九九〇年以降である。社会化された自然を守っていくことが重要という環境思想や里山保全の方法論について啓発と制度化を図り、里山を適切に維持管理し、それを次世代に継承していくことは廣井のライフワークの仕上げの段階だった。

我が国で市民参加による里山の維持管理方法の模索が始まったのは一九八〇年代中頃からである。一九八三年、全国に先駆けて、まいおか水と緑の会（横浜市）が市民参加で里山を管理していこうとする模索を始めた。ほぼ同時期の一九八四年には既に記した通り、狭山丘陵で「雑木林博物館構想」が発表され、狭山丘陵を市民の森にすることがうたわれた。その後、一九八八年に狭山丘陵の里山を題材にしたアニメ映画『となりのトトロ』が大ヒット、同年、守山弘が『自然を守るとはどういうことか』（農山漁村文化協会）で里山には原生的自然に劣らぬ価値があることを著し、一九九〇年に狭山丘陵の自然を守るための「トトロのふるさと基金委員会」の設立、一九九一年に重松敏則が『市民による里山の保全・管理』（信山社出版）を著すなど、里山の自然を守っていこうとする動きが本格化した。

狭山丘陵では、雑木林博物館構想の中で宮寺・堀之内地区についてより具体的な構想の提案がなされ、埼玉県がこの地区に「さいたま緑の森博物館」を設置していくきっかけとなった。廣井は一九九〇年に埼玉県による「さいたま緑の森博物館」の計画が決まった直後から博物館の植生管理の提案書作りに着手し、ある一定の大きさの方形の区画（コドラート）を設定し、その中に存在する植物相を調べる調査（植生コドラート調査）を開始した。

トトロのふるさと基金委員会では一九九一年にトラスト地としてのトトロの森一号地が誕生

（P.54の写真）するが、廣井は早速、その一号地で植生調査を行い、将来の維持管理のための方針を作成するデータを蓄積していった。同委員会ではトラスト地として保全すべき区域の増大に備え、一九九二年度頃より市民参加による維持管理活動の準備を始めた。一九九四年度までの間に委員会のメンバーが実際に雑木林の下草刈や伐採等の作業を経験した上で、市民参加の手法やそのための計画立案方法などを体験していくこととなった。メンバーはこの体験から、雑木林の管理には多くの人手や時間が必要なことを理解し、主催団体としての実施体制の確立が求められることなどを学んでいった。一九九七年にはトトロのふるさと基金内にトラスト地の管理などの検討を目的とした里山委員会が設けられ、トラスト地の管理についての検討が始まり、一九九九年にトトロの森三号地で初めての管理作業が行われた。これらの学びが、他のトラスト地やさいたま緑の森博物館、都立野山北・六道山公園などの雑木林の維持管理に生かされていくことになった。

さいたま緑の森博物館では一九九五年の開園前から雑木林の更新計画や管理をはじめ、散策路の整備、駐車場の規模や構造などについてトトロのふるさと基金委員会のメンバーが県と協議を重ね、開園後も市民参加型の作業を行政と協働で行っていった。

都立野山北・六道山公園では一九九五年に設置された懇談会にトトロのふるさと基金委員会

のメンバーが参画し、樹林地管理や生態系の質の向上に向けた管理などについて東京都と協議を重ね、雑木林を主体とした一部常緑広葉樹も存在する植生管理計画の策定へとつながっていった。一九九九年には東京都から市民参加型の「里山教室」の提案があり、同年、田んぼコース（田植え、草取り、稲刈りなど）と雑木林コース（下草刈など）の募集が始まった。二〇〇〇年には里山体験施設である里山民家（写真7）が完成し、公園ボランティアの募集が行われ、里山保全への本格的なボランティア参加へとつながっていった。以降、雑木林関係では二〇〇三〜二〇〇五年にかけて、奥多摩の森林が荒れているのを見た石原東京都知事（当時）の一声で大自然塾（雑木林を保全していくためのボランティア講座）が開催された。大自然塾は廣井が代表を務めるトトロのふるさと財団が講師を担当し、作業指導と作業協力に狭山丘陵の市民活動団体が加わって実施され、雑木林の維持管理ボランティアの裾野の拡大へつながっていった。

東大和市では既に記した通り、一九九二年に廣井の指導の下、狭山緑地で雑木林の更新方法を検討することを目的に調査が始まり、一九九七年からは雑木林の会が維持管理活動を開始した。また、同市内の都立東大和公園でも廣井が会長を務めていた環境を考える会が公園の一部について二〇〇六年から笹狩りやコドラート調査を開始した。

廣井はフィールドサイエンティストとして市民自らが維持管理していく里山づくりを提唱し、現場主義者として課題解決に向けて現場で考えながら、社会的影響力を行使する活動家として自らも先頭に立って実践するなど社会的役割を果たしていった。廣井の社会化された自然を守っていくことが重要という環境思想や里山保全の方法論は多くのボランティアを通して狭山丘陵全体に拡散、定着していくことになった。

以上、雑木林の維持管理方法の検討から定着までの動きについて、図5にまとめた。

写真７　里山民家

図５　雑木林の維持管理方法の検討から定着までの動き

年	廣井の動き	狭山丘陵での動き	全国の動き
1983			市民活動団体「まいおか谷戸研究会」発足
1984	雑木林博物館構想のとりまとめを主導、東大和市公民館の講座（コドラート調査）で講師	雑木林博物館構想の骨子が発表される	
1985		東大和市立狭山緑地の開園	
1986	「関東地方低地における二次林の植物社会学的研究」、「都市林の保全と管理」発表	雑木林博物館構想が発表される	
1988	東大和市郷土史講座「狭山丘陵と東大和」で身近な緑を守るための方策を講演		『となりのトトロ』の大ヒット 守山弘「自然を守るとはどういうことか」発刊
1990	緑の森博物館の植生管理の提案書づくりに着手	トトロのふるさと基金委員会発足	
1991	トトロの森１号地での植生調査	トトロの森１号地誕生	重松敏則「市民による里山の保全・管理」発刊
1992	狭山緑地の保全活動を指導（学術的な植生調査；～ 1993）	トトロ基金が市民参加での雑木林の維持管理方式の検討をはじめる	全国雑木林会議
1993	トトロ基金が市民参加の雑木林管理のための準備としての管理作業を開始		
1995		さいたま緑の森博物館開園	
1996		狭山緑地での保全活動が始まる	
1997	右記の会の顧問に就任し、植生調査方法の指導、望ましい伐採計画の立案などに関与、雑木林の再生を見る観察会	狭山緑地「雑木林の会」発足 トトロ基金「里山委員会」の設置で管理の検討始まる	
1998	右記財団の初代理事長に就任	トトロのふるさと財団設立	
1999	「二次林の保全および管理に関する研究（狭山丘陵が題材）」発表	トトロの森３号地で試行的に管理作業を開始（下草刈など）	
2000	右記管理運営協議会で初代委員長を務める	野山北・六道山公園で管理運営協議会の設置、公園ボランティアによる保全活動が始まる	環境基本計画
2001	著書『雑木林へようこそ！－里山の自然を守る』発刊		
2002			新・生物多様性保全国家戦略
2004	東京経済大学退職 著書『里山はトトロのふるさと』発刊		
2006	トトロのふるさと財団の理事長を退任 野山北・六道山公園管理運営協議会の委員長に就任、同公園で開催の東京都大自然塾「雑木林マイスター講座」の講師	公園管理に指定管理者参入（都立公園、さいたま緑の森博物館など）、東大和市環境を考える会が東大和公園の一部の管理開始（笹刈り、コドラート調査）	
2010			SATOYAMA イニシアティブ
2017	死去		

次世代の育成

雑木林の保全を行っていくためにはコドラート調査が基本となるが、廣井は専門家ではない一般市民を実地で指導していった。廣井が初めて一般市民に実地でコドラート調査を指導したのは、一九八四年に開催された東大和市の公民館講座である。この講座では、単位面積当たりの植物占有面積を計測して構成種が優勢か劣勢かを見た上で、市民に生態学的な場所の特性を考えてもらうという内容であった。その後、廣井がコドラート調査について本格的に指導を行うのは、狭山緑地で雑木林の会の活動が始まってからである。雑木林の会では狭山緑地で廣井の指導の下、コドラートを作って毎木調査を行い、作成した樹冠図から相対照度（注十四）が三〇%になるように伐採したという記録がある。また環境を考える会でも、東大和公園で同様の調査と伐採を行った。コドラート調査は、野山北・六道山公園など、市民が雑木林の維持管理を行っている狭山丘陵の各地に広がりを見せ、定着している。

廣井は雑木林の現場での維持管理だけでなく、郷土の自然や文化財の重要性、生態学の考え方についても市民に普及させようとしていた。既に記した狭山市民大学や公民館講座などで多くの市民に対して郷土の自然や文化財の重要性をアピールし続ける一方、運動の中核を担うメンバーには、動物学や生態学などの本を使っての輪読会〈受講者があらかじめ課題の本〈エルトン著の『動物群落の様式』など〉を読んでから感想を述べ、廣井からコメントをもらう内容の学習会〉や生物進化や生態学について学ぶ「ダーウィン学習会」と称した学習会〈トトロのふるさと基金で開催された廣井が内容を丁寧に解説しながらダーウィンの「種の起源」を読む学習会〉などが開催された。

廣井は、里山を保全していくという課題解決へ向けて現場主義者として行動するとともに、社会的影響力を行使する活動家として市民や活動家を支援していった。そして、廣井の社会化された自然を守っていくことが重要という環境思想や里山保全の方法論は着実に次世代へと定着し引き継がれていくことになった。

〈注十四〉相対照度とは、林内の高木層や亜高木層などある層の照度／林外の遮るものがない所の照度×一〇〇（％）の照度のこと。

ラストステージ

廣井は二〇〇四年三月に東京経済大学を退職した。七〇歳だった。退職後は地元の環境を考える会や雑木林の会での活動が中心となったが、引き続き社会化された自然を守っていくことが重要という環境思想や里山保全の方法論を普及させていくための活動、例えば、雑木林を含めた里山環境の重要性を訴え続ける活動やボランティアに対して雑木林の維持管理方法のノウハウを継承していく活動、植物の観察会を通じて里山の自然を楽しんでいく活動などに取り組んでいった。

その一方で、雑木林を中心とした里山の素晴らしさや、狭山丘陵の自然が守られてきた経緯などを中心に数少ない本を著した。大学退職直前の二〇〇一年に『雑木林にようこそ! 里山の自然を守る』（新日本出版社）、そして二〇〇四年の『里山はトトロのふるさと』（旬報社）の二冊である。また二〇〇八年には、立ち上げ時から自らが主体的に関わり続け、市民の中に深く根を下ろした保全活動を行っている狭山緑地の活動を中心に「市民による里山の維持管理―狭山緑地での取り組み」にまとめているが、この著作は自ら歩んできた活動を振り返りながら、自身の環境思想と里山保全の方法論を未来に継承させていきたいという深い想いから著したのではないかと思われる。

一九七八年に発足し、廣井が長い間代表を務めていた環境を考える会では、二〇一六年八月から「廣井先生のお話を聞く会＝次世代に伝えたいこと」というテーマで学習会を開催した。廣井の生い立ちから個々の活動での裏話、廣井が興味を持っている研究テーマなど幅広い内容だった。そして、人間「廣井」を知る上ではとても興味深い内容であった。しかし、学習会は第六回まで開催されたものの、廣井の体調不良により、その後は開催されずにいた。二〇一七年八月、廣井は死去した。

Ⅲ章　未来に託された狭山丘陵

一、廣井敏男のレガシー

里山保全の方法論

廣井の社会化された自然を守っていくことが重要という環境思想や里山保全の方法論については、一九八〇年代以降に啓発や制度化を通して狭山丘陵全体に広がり、一九九〇年代以降に定着していった。

里山保全の方法論の第一の特徴である、常に市民の側に立って考え実践していくこと、そして雑木林などの二次的な自然だけでなく、文化財や文化、現代的な意味では緑の塊やレクリエーション的な利用も踏まえ守っていくことについては、雑木林博物館構想の提言からさいたま緑の森博物館の誕生につながった。また、ナショナル・トラスト運動の誕生や、都立公園や狭山緑地などの計画目標や基本計画の内容に作用した。

第二の特徴である、総合的な視点から検討を行い実践していくことについては、連絡会議の立ち上げや雑木林博物館構想の提唱、ナショナル・トラスト運動の立ち上げと提言活動の実践などへつながり、さらには都立公園などでの管理運営協議会の立ち上げや狭山緑地やトトロの森、都立公園などでのボランティアによる雑木林などの保全活動で実践されていくことになった。

第三の特徴である、自然の法則性を理解した上で守っていくことについては、人間からの影響を踏まえた現場重視の研究や、狭山緑地や都立公園などでのコドラート調査に基づいた管理で実践されていくことになった。

第四の特徴である、次世代に引き継いでいく仕組みの構築については、学習会や講演会、コドラート調査などで廣井自らが次世代を意識的に育て、都立公園の管理運営協議会の設置など、次世代も里山の保全形態や保全方法の合意形成を図りながら活動を実践していくことになった。

以上のように、里山保全の方法論は、啓発や制度化を通して次世代に引き継がれて狭山丘陵全体で定着し、丘陵の自然が保全されていくことにつながっていった（図6）。廣井のレガシーは、しっかりと息づいている。

図6

里山保全の方法論の定着

市民の側に立ち、雑木林などの二次的な自然だけでなく文化財等も含め守る

・雑木林博物館構想の一部実現
　→さいたま緑の森博物館の誕生

・ナショナルトラスト運動の立ち上げ
　→トトロの森の誕生と保全活動、提言活動の実践

総合的な視点から考え守る（保全のための合意形成など）

・都立公園等での管理運営協議会の立ち上げ
　→市民や行政等の関係者による合意形成

・ボランティアによる雑木林の保全活動の定着
　→市立狭山緑地他

自然の法則性を理解した上で守る

・コドラート調査に基づく雑木林の維持管理
　→都立公園や市立狭山緑地他

次世代に引き継いでいく

・コドラート調査や維持管理方法の定着
　→都立公園や市立狭山緑地、トトロの森他

・都立公園などでの管理運営協議会の継続的な開催

これらの定着は、廣井がフィールドサイエンティストとしての社会的役割を果たしてきた結果だった。廣井は仲間と共に市民環境アセスメント調査を実施した上で交渉を行い、市民と共に雑木林の植生調査や維持管理作業、神岡鉱山荒廃地の植生復元へ取り組むなど、科学と社会問題の関連性を追求し、課題解決に関与する現場主義者として社会的役割を果たしてきた。さらに、連絡会議や市民の森にする会などの市民活動団体の立ち上げに関与し、仲間と共に雑木林博物館構想の提唱を主導し、ナショナル・トラスト運動の立ち上げや提言活動に関与し、遺跡と自然との一体的な保存を主張して保存運動を推進するなど、市民活動への支援や提言活動などを通して社会的影響力を行使する運動家として社会的役割を担ってきた。すなわち、廣井はフィールドサイエンティストとしての役割を果たしてきたのだ（図7）。その結果、社会化された自然を守っていくことが重要という環境思想や里山保全の方法論が定着し、丘陵の自然が保全されていくことにつながっていった。

図7

廣井のフィールドサイエンティストとしての社会的役割の実践

科学と社会問題の関連性を追求し、課題解決に関与する現場主義者として

・市民環境アセスメントの実施
・市民とともに雑木林の植生調査や維持管理を実施
・神岡鉱山荒廃地の植生復元への取り組み

市民活動への支援や提言活動等を通して、社会的影響力を行使する運動家として

・連絡会議の立ち上げに関与
・雑木林博物館構想の提唱を主導
・ナショナル・トラスト運動の立ち上げと提言活動の実践に関与
・遺跡と自然との一体的な保存を主張し、保存活動を推進

「社会化された自然」思想

廣井の社会化された自然を守っていくことが重要という環境思想は、狭山丘陵全体に広がっていった。社会化された自然を人間が利用するから価値があること、個々の生物や生態系にも価値があることから人間にも生態系の一員として節度ある振る舞いが必要だという認識、そしてこれらの価値を守っていくことが重要という思想は、狭山丘陵全体に広がっていった。そしてこの環境思想は「社会化された自然」思想と言うことができるほどに狭山丘陵へ広がり、定着していった。

そして、「社会化された自然」思想は里山保全の方法論とともに、狭山丘陵の外にも広まっていった。全国各地に市民の手による里山、特に雑木林の保全活動が目立ち始めたのは一九九〇年前後である。既に記した通り、廣井は一九八四年に仲間と共に雑木林博物館構想の骨子を発表し、一九八六年には廣井の環境思想の集大成である雑木林博物館構想を発表、そして一九九〇年には仲間と共にトトロのふるさと基金委員会の立ち上げに関わるとともに、さいたま緑の森博物館の植生管理（里山の維持管理）の問題にも着手していた。里山、特に雑木林の社会化された自然を守っていく分野では、全国のトップランナーであったと思われる。トトロのふるさと基金委員会が設立された一九九〇年から翌年にかけ、社会化された自然思想は狭山丘陵のナショナル・トラスト運動が全国に広がっていったのと同時に全国へ広がっていった。その後、その思想は他の地域の里山保全運動とも共振しながら生物多様性を保全していくことの重要性についても訴えかけ続けるとともに、日本人の自然共生の知恵と伝統を、現代の知恵や技術と統合し、新たな自然共生社会を目指そうとした二〇一〇年の「SATOYAMAイニシアティブ（注十五）」の提案にもつながり、思想のグローバル化にも貢献していった。

（注十五）SATOYAMAイニシアティブとは、日本政府が二〇一〇年に提案した考え方。里山のような二次的自然が人間の福利と生物の多様性の両方を高める可能性があることに着目し、新たな自然共生社会を目指そうとした取り組み。

二、狭山丘陵の今

埼玉県エリア~トトロのふるさと基金や緑の森博物館

トトロのふるさと基金が管理するトラスト地（トトロの森）は二〇二二年六月末現在、五九カ所で合計面積は一一・四ヘクタールを超えるまでになってきている（うち埼玉県内で五四カ所、九・六ヘクタール）。そして、それぞれのトラスト地では植生調査等の結果を基にトラスト地での維持管理計画を立て、ボランティアが維持管理作業を担い、また基金としての提言活動などにも継続的に取り組んでいる。廣井の「社会化された自然」思想と里山保全の方法論はしっかりと継承されている。

一方、二〇二一年に公表された長期構想では、増え続けるトラスト地の管理を円滑に進めていく方法や、増加する観光客（特に外国人観光客）への対応、多様な課題に対応するためのコストの増大を賄っていく資金確保の問題などを中心に検討が行われている。そして長期構想では、「都市のコモンズを育む　ナショナル・トラスト運動の新しい地平へ　発足当初の想いを受け継ぐ人を育て、受け渡す」をテーマに、①土地の取得活動を前進させ、新たな発想を加えて取得地の管理の質の向上を図る、……⑥狭山丘陵の全域を視野に入れた保全マスタープランを策定する、⑦ナショナル・トラスト活動を支える法律の整備に向けて取り組むとともに、自治体との間で役割分担に関する条例の制定を目指す、などの方向性が示されている。

さいたま緑の森博物館では、年間を通して親子で里山の自然の中で楽しむイベントや稲作体験、里山文化講座、雑木林の下草刈や落葉掃きの体験教室などを開催している。また、博物館が募集する「みどり森ボランティア会」が雑木林の下草刈や間伐・伐倒を、楽しみながら継続的に行っている状況にある。ここでも廣井の「社会化された自然」思想と里山保全の方法論は継承されている。

東京都エリア～都立公園や狭山緑地

都立公園では、雑木林博物館構想で提唱された管理運営協議会が野山北・六道山公園で年三回、狭山三公園（狭山公園、東大和公園、八国山緑地）で年一回開催され、各公園緑地の整備や保全をテーマに、様々な市民活動団体やボランティアグループ、地方自治体などの関係者が参加して意見交換や合意形成が図られ、社会化された自然を保全していくための活動が続けられている。また、ここ数年は各公園緑地で生物多様性保全のための、雑木林の伐採計画や下草刈の範囲と時期を検討するなどの議論も行われている。ここでは、雑木林博物館構想で提唱された管理運営協議会の開催が定着している。

そして各公園では、ボランティアによる里山保全や里山文化の継承が行われている。野山北・六道山公園では雑木林の保全や田んぼでの稲作の他、畑での野菜作りや、わら・竹・草などを使った工芸、里山の伝統食作りや行事の再現、自然観察などの幅広い分野でボランティアが楽しみながら活動を行っている。また、野山北・六道山公園や東大和公園、八国山緑地ではボランティアによる雑木林の維持管理作業が行われている。例えば野山北・六道山公園では、ボランティアが目指すべき雑木林の姿を議論し、自らがコドラート調査も実施しながら間伐や下草刈、歩道の整備などに取り組み、一部の地区ではアカマツ林の再生にも取り組んでいる。ボランティアによる雑木林の保全活動は定着している。

市立狭山緑地では廣井が生前、緑地を「いのち賑わう雑木林」に再生していくという強い想いを持って雑木林の会のメンバーに接してきていた。そしてその想いは引き継がれ、狭山緑地では、雑木林の会に所属する多数のボランティアが目標とする林の姿（注十六）に近づけていくために、下草刈りや間伐を中心とした維持管理作業、チェンソーを使った伐倒作業を継続し、最近では林床に入り込む園芸植物などの駆除作業も行われている。また、狭山緑地ではモウソウチクの竹林の維持管理が行われ、竹材の活用やタケノコ掘りのイベントが開催されるなど、竹に関する文化の継承が模索されている。さらに会の設立当初より、間伐材を活用した炭焼きが行われ、常設窯作り、温度データの管理、焼成時間の短縮などに取り組み、エネルギーの地産地消にも貢献している。二〇一四年からは市との共催で里山再生ボランティア体験講座が開催され、多くの市民が参加するとともに、この講座を通じて新たなボランティアが誕生している。廣井の「社会化された自然」思想や里山保全の方法論はここでも十分に根付いている。

（注十六）適切な維持管理を行っていくために緑地内をクヌギやコナラ等の明るい林、自然の遷移に任せる自然林、常緑樹を適度に保護する常緑樹の林、竹林、ヒノキ林などの目標とする林の姿に分けている。

Ⅳ章　狭山丘陵からＳＡＴＯＹＡＭＡへ

一、フィールドサイエンティスト廣井敏男の人生

社会化された自然を守っていくことが重要という環境思想は一九七一年の公団住宅建設反対運動以来模索され、一九八四年の論文「自然保護とはなにか」の発表で生成された。廣井は社会化された自然を軸に、地域社会の様々な人間活動や事象を一元的に捉え、社会化された自然の価値、すなわち人間が利用するから価値があること、個々の生物や生態系にも価値があると考え、これを守っていくことが重要だと、自らの環境思想を生成した。廣井の里山保全の方法論では常に市民の側に立ち、雑木林などの二次的な自然だけでなく文化財等も含め守ること、総合的な視点から考え守ること、自然の法則性を理解した上で守ること、そして次世代に引き継いでいく仕組みを構築していく点に特徴があった。そして一九七八年の環境を考える会の立ち上げ時から、本格的には早稲田大学進出計画反対運動から、社会化された自然を守っていくことが重要という環境思想と里山保全の方法論を実践していった。廣井の環境思想や里山保全

の方法論は一九八〇年代以降に啓発や制度化を通して狭山丘陵全体へ広がり、一九九〇年代以降に定着し、もはや「社会化された自然思想」と言ってもよいだろう（図8）。これらの広がりと定着は、廣井のフィールドサイエンティストとしての社会的役割を果たしてきた結果だった。廣井の実践行動には、科学と社会問題の関連性を追求し、課題解決に関与する現場主義者としての面と、市民活動への支援や提言活動などを通して社会的影響力を行使する運動家としての面が見られ、フィールドサイエンティストとしての社会的役割を果たしてきた。廣井は真の意味でのフィールドサイエンティストだった。そして廣井が死去した二〇一七年には、社会化された自然思想と里山保全の方法論は狭山丘陵の市民活動団体やボランティアの間に浸透し、狭山丘陵の里山が保全され続けようとしている。そして社会化された自然思想は、全国に、また世界にと影響を与えていった。

図８　廣井の環境思想のステージ

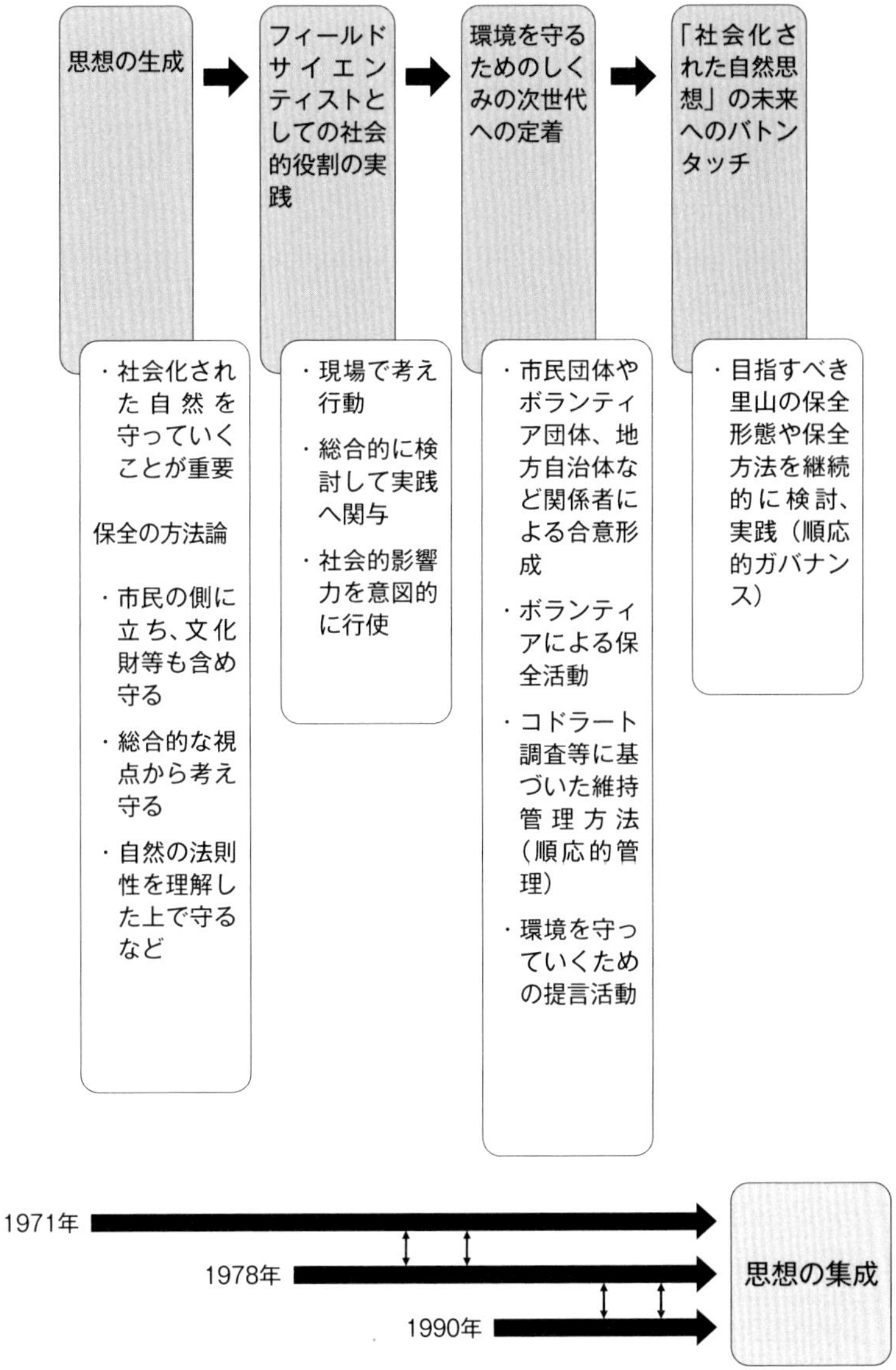
思想の生成
フィールドサイエンティストとしての社会的役割の実践
環境を守るためのしくみの次世代への定着
「社会化された自然思想」の未来へのバトンタッチ
・社会化された自然を守っていくことが重要
保全の方法論
・市民の側に立ち、文化財等も含め守る
・総合的な視点から考え守る
・自然の法則性を理解した上で守るなど
・現場で考え行動
・総合的に検討して実践へ関与
・社会的影響力を意図的に行使
・市民団体やボランティア団体、地方自治体など関係者による合意形成
・ボランティアによる保全活動
・コドラート調査等に基づいた維持管理方法（順応的管理）
・環境を守っていくための提言活動
・目指すべき里山の保全形態や保全方法を継続的に検討、実践（順応的ガバナンス）
1971年
1978年
1990年
思想の集成

それでは、狭山丘陵の里山保全の未来はどのように考えればいいのだろうか。それは、社会化された自然思想や里山保全の方法論の定着をベースに、将来にわたって目指すべき里山の保全の形や保全方法を継続的に検討・実践していくことである。里山の管理は順応的管理（注十七）を行っていかざるを得ないが、結果として里山の保全の形や保全方法は、コドラート調査などによるモニタリング結果を踏まえて見直していく必要がある。その見直しの答えは生態学などの科学で出すことはできず、順応的ガバナンス（注十八）により社会が決めざるを得ない。順応的ガバナンスを円滑に実践していくためには現場の声をガバナンスに十分に反映させ、生物多様性や持続可能性といった理念と様々な現象が現れ、隠れている現場とを双方向につなぎ、現場の声を軸にしながらもう一度里山の保全の形や保全方法を組み立て、実践を積み上げていくことが求められる。

（注十七）順応的管理とは、計画における未来予測の不確実性を認め、計画を継続的なモニタリング評価と検証によって随時見直しと修正を行いながら管理する方法。
（注十八）順応的ガバナンスとは、「環境保全や自然資源管理のための社会的仕組み、制度、価値を、その地域ごと、その時代ごとに順応的に変化させながら試行錯誤していく、変化や複雑さへの柔軟性を備えたプロセス重視の環境ガバナンスの仕組みのこと」を指す（宮内泰介「どうすれば環境保全はうまくいくのか」『どうすれば環境保全はうまくいくのか』二〇一七）。

二、二一世紀のＳＡＴＯＹＡＭＡへの示唆

狭山丘陵の都立公園では、二〇二〇年三月以降のコロナ禍による感染防止対策により、雑木林の維持管理のための多くのボランティア活動が休止となった。しかし、二〇二一年の春以降はこれらの活動が再開と休止を繰り返し、二〇二二年以降は適切なコロナ対策を実施しながら継続した活動が実施されている。また、狭山丘陵の雑木林ではナラ枯れによる被害（注十九）が広がっているが、これらの木を除伐《じょばつ》しながら健全な雑木林を維持していくための方策が検討、実践され続けている。被害は高齢化した樹木に広がっており、萌芽更新を行っている雑木林では被害がほとんど見られない。ナラ枯れの拡大状況によっては、一定の区域の樹木を皆伐《かいばつ》した上で樹林を更新していくことも考えなくてはならないと思われる。このような状況下にあっても、狭山丘陵では社会化された自然思想を基に雑木林をはじめとする里山の生物多様性を市民主体で何とか復活、維持、管理していこうとする取り組みが続けられている。里山を持続可能なものとしていくためには、これまで実施されてきた活動、市民主体による雑木林や水田の維

持管理活動、ナショナル・トラスト運動、公園の指定管理者と連携した活動などを継続し、里山保全の重要性をアピールしていくことが重要である。

狭山丘陵に限らず、未来に向けて里山を市民が維持管理していくためには、市民活動団体や指定管理者が募集するボランティアの構成員の世代継承問題を解決していく必要がある。里山の自然の持続可能性は、保全活動の持続可能性に大きく依存している。つまり、ボランティア層の底辺の拡大を図っていくこと、市民に里山や里山でのボランティア活動に関心を持ってもらうこと、これまで市民活動に参加してこなかった人々に対して活動に参加する多様なきっかけを提供すること、またボランティアの中でのリーダー層を育てていくことが重要である。そのためにはこれまでの取り組みに加えて、狭山丘陵でも模索が続けられている子育て層の保全活動への取り込みや、大人にとっての学びの場や活動を行う人を育てていく場の創出、里山保全に直接関わってこなかった市民活動団体との連携策などを地道に行っていく必要がある。また、行政と市民の協働ばかりでなく、指定管理者、大学などとの最適な協働も考え、実践していくことが求められる。

これまで述べてきた通り、狭山丘陵の都立公園やトトロの森、さいたま緑の森博物館、狭山緑地などでは、社会化された自然思想をベースに、雑木林などの里山が保全されてきた。現在、持続可能な地域づくりが求められている中では、人間が利用するために改変され、結果的に残った自然の価値を改めて見つめ直し、個々の生物や生態系にも価値を認めた上で地域づくりを行っていくことが重要である。この考え方は現在、世界規模の課題となっている異常気象や人口爆発に伴う食糧危機などの対応策を検討していく場合の基本的な考え方としても重要な意味を持っている。そして、人間を他の生物と同視し、生態系の一員として節度ある振る舞いが必要だという考え方が重要である。現在ほど、この節度ある振る舞いが世界規模で求められている時はないのではないかとも思われる。

廣井の社会化された自然思想の生成後、世界的に広まっている考え方がある。一つはサスティナビリティ（持続可能性）であり（注二十）、一つがＳＤＧｓ（注二十一）である。廣井の環境思想はこれらの概念と通ずるものがあり、源流の一つとして位置付けることができるのではないかと思われる。

狭山丘陵では今後、二次的な自然を人間が利用していくこと、生物多様性を保全していくことを前提に、地域の持続可能な維持・再構築を通じて自然共生社会の実現を目指していく「ＳＡＴＯＹＡＭＡ」をつくり上げていく必要がある。そして、サスティナブルな地域を形成していくための様々な方策を考えていくべきだ。二一世紀のＳＡＴＯＹＡＭＡは、生物多様性と人々の豊かな暮らしが両立し、SDGsの考え方を活用して環境・経済・社会の統合的な向上を具体化するような内容を目指し、まず生物多様性を重視したまちづくりを行っていく必要がある。この点について、現状では狭山丘陵の五市一町のうち、生物多様性地域戦略（注二十二）が制定されたのは所沢市のみという状況にあるが、今後は五市一町で狭山丘陵としての生物多様性地域戦略を立てていくことが求められる。そして、環境・経済・社会の統合的な向上に向けて、例えば、狭山茶やサツマイモなどの特産物の振興と里山でのボランティア活動との融合や地場産業と連携した地域再生の仕組みづくり、間伐材の活用や炭の生産と消費などによるエネルギーの地産地消、子育て世代や高齢者団体と里山の環境を守る団体との連携策などから検討を行っていくことが考えられる。これらを通して狭山丘陵を持続可能な地域として再生し、SATOYAMAをつくり上げ、全国、全世界に広めていくことを目指すことができればと考える。

持続可能な地域に再生していくためには、行政や市民活動団体、市民、事業者など多様な関係者間の合意形成が欠かせない。このような場で現場の声を意思決定の場に十分に反映させ、持続可能性や生物多様性といった理念と様々な現象が現れ、隠れている現場とを双方向につなぎ、現場の声を軸にしながら方策を検討し、実践を積み上げていくことが求められている。

（注十九）ナラ枯れとは、カシノナガキクイムシという虫が原因で発生するコナラやクヌギなどブナ科の木が枯れる被害。
（注二十）サスティナビリティとは、地球環境と人間社会が良好な関係を保ちながら共存し、発展し続けようとする考え方のこと。
（注二十一）ＳＤＧｓとは、二〇一五年九月に国連で採択された「持続可能な開発目標」のこと。

（注二十二）生物多様性地域戦略とは、生物多様性基本法に基づき地方公共団体が策定する、生物の多様性の保全及び持続可能な利用に関する基本的な計画のこと。

あとがき

狭山丘陵の里山保全に大きな影響を与えた廣井の環境思想やフィールドサイエンティストとしての廣井の姿を追っていくうちに、私はいつの間にか廣井の背中を追って行動していくようになったと感じている。私自身も狭山丘陵を中心とした環境保全活動を四半世紀以上にわたり実践してきたが、最近はフィールドサイエンティストの定義的特徴に近い人物になりつつあるのではないかと感じている。すなわち私自身が、科学と社会問題の関連性を追求し、課題解決に関与する現場主義者として社会的役割を果たしていくことや、市民活動の支援や提言活動等を通して社会的影響力を行使する運動家として社会的役割を果たしていくことに重きを置いた行動が多くなってきていると感じている。今後も、廣井の背中を追いつつ、フィールドサイエンティストの端くれとして狭山丘陵の自然環境の保全に向けて行動していきたいと思う。

本書を出版したきっかけは、定年退職後に入学した大学院で狭山丘陵の自然がどのような経緯を経て守られてきたのかについて研究を始めたことだった。なぜ、狭山丘陵の多くの自然が残ったのか、この自然を将来にわたって残していくためには何が必要なのか。これらについて調べれば調べるほど、廣井の存在感の大きさを知ることになった。研究を始めてみると、概ね一九八〇年代までは先人たちの自然を守ろうとする熱意や不屈の闘志、一九九〇年代以降では関係者との合意形成を図りながら市民で里山を守っていこうとする姿に共感した。そして修士号を取得後さらに研究を進めていくと、廣井の影響力の大きさをさらに思い知るに至った。そして、廣井の「社会化された自然」思想や里山保全の方法論について調査し、まとめた結果の概要が本書の内容である。

私は日々の環境を守る活動の中で、現在の里山の姿が形成されてきた経緯を次世代に伝えていくことも重要だと感じている。里山は、将来の世代が過去のいきさつも踏まえて、その時に最善と思われる方法を検討し、実行していくことが重要であると感じているが、本書が、次世代が里山の姿を考える際の参考資料になればと願う。

私はこれまで狭山丘陵を源とする川や湿地の保全活動、すなわち里川の保全運動に長年取り組んできた。一九九〇年前後以降に実践されてきたこれら里川の保全活動を中心に、本書で取り上げた里山の保全活動との関係に着目した分析についてまとめていくことが次の課題である。廣井らの里山保全運動は、里川などの保全運動にも大きな影響を与えていたのではないかと考えている。また、この里川保全運動についてまとめ上げた後に、狭山丘陵の保全の通史に取りかかりたいと考えている。

本書を取りまとめるにあたっては、法政大学大学院公共政策研究科小島聡教授をはじめ、多くの先生方からアドバイスをいただいた。深く感謝申し上げたい。また、狭山丘陵で活躍されている市民活動団体やボランティアの多くの方々からも、たくさんの情報提供やアドバイスをいただいた。感謝の念に堪えない。最後に、妻・由美子へ。研究活動や本書の執筆にあたって陰で支えてくれた。本当にありがとう。

参考文献

Ⅰ章

・佐藤哲（二〇一六）『フィールドサイエンティスト―地域環境学という発想』東京大学出版会
・宮本憲一・淡路剛久編（二〇一四）『公害・環境研究のパイオニアたち』岩波書店
・佐高信（二〇一三）『原田正純の道』毎日新聞社
・佐高信・中里英章（二〇一二）『高木仁三郎セレクション』岩波書店
・飯倉照平（二〇〇六）『南方熊楠』ミネルヴァ書房
・由井正臣（一九八四）『田中正造』岩波新書２７４
・廣井敏男（一九七四）「わが国における銅山植生の植物社会学的研究」『人文自然科学論集』Ｎｏ．38、東京経済大学
・東大和市環境を考える会（二〇一八）「狭山丘陵とともに　廣井敏男先生を偲ぶ」東大和市環境を考える会
・小倉紀雄（二〇〇三）『市民環境科学への招待』裳華房
・東大和市史編さん委員会（二〇〇〇）『東大和市史』東大和市
・東大和市（一九九二）「東大和緑地に計画決定」『東大和市報』１９９２・12・１東大和市
・尾崎清太郎（一九九二）『回想・尾崎清太郎　市政二十年の軌跡』けやき出版
・武井富美子（一九八四）「東大和公園に〝緑〟が残った」『雑木林の詩』Ｎｏ．12東大和市環境を考える会
・トトロのふるさと財団（一九九八）「東大和公園の誕生」『トトロの森から』Ｖｏｌ．３　Ｎｏ．２トトロのふるさと財団
・横山十四男（二〇〇四）『たまびとの、市民運動から「環境史観」へ』星雲社
・廣井敏男・山岡寛人（二〇〇四）『里山はトトロのふるさと』旬報社
・東大和市環境を考える会（一九七九）「雑木林の詩」Ｎｏ．２東大和市環境を考える会
・東大和市環境を考える会（一九八七）「雑木林の詩」Ｎｏ．17東大和市環境を考える会

・本谷勲・廣井敏男（一九七三）「生態学的環境論」『季刊　科学と思想』Ｎｏ８．新日本出版社
・廣井敏男（一九七九）「植物の種の保護」『科学』Ｖｏｌ．49　Ｎｏ．10岩波書店
・山田博（二〇一八）「神岡鉱山の緑化と廣井先生」『狭山丘陵とともに　廣井敏男先生を偲ぶ』東大和市環境を考える会
・廣井敏男（一九八〇）「参加と住民運動」『日本の科学者』Ｖｏｌ．15　Ｎｏ．6日本科学者会議
・廣井敏男（一九八四）「自然保護とはなにか」『季刊　科学と思想』Ｎｏ．54新日本出版社
・廣井敏男（一九七九）「植生の保護」『自然保護の生態学』培風館
・オズワルド・シュミッツ（二〇二二）『人新世の科学―ニュー・エコロジーがひらく地平』岩波新書一九二二
・沼田眞（一九九四）『自然保護という思想』岩波新書327
・石川徹也（二〇〇一）『日本の自然保護』平凡社新書一〇六
・ジョン・マコーミック（一九九八）『地球環境運動全史』岩波書店
・廣井敏男・勅使河原彰（一九八五）「自然と文化財の保全」『人間と環境』Ｖｏｌ．11　Ｎｏ．1環境科学総合研究会実行委員会
・レオポルド（一九九七）『野生のうたが聞こえる』講談社学術文庫1301
・松野弘（二〇〇九）『環境思想とは何か―環境主義からエコロジズムへ』ちくま新書815
・小松裕（二〇一三）『田中正造―未来を紡ぐ思想人』岩波現代文庫、学術297
・小松裕（二〇一一）『真の文明は人を殺さず　田中正造の言葉に学ぶ明日の日本』小学館

Ⅱ章
・廣井敏男・山岡寛人（二〇〇四）『里山はトトロのふるさと』旬報社
・廣井敏男（二〇〇一）『雑木林にようこそ！　里山の自然を守る』新日本出版社

・山本広行（一九九〇）「狭山丘陵の自然保護」『日本の生物』４（４）文一総合出版
・所沢市史編さん委員会（一九九〇）『所沢市史　現代史料』所沢市
・トトロのふるさと財団（一九九九）「早稲田大学で学びました!?」『トトロの森から』Ｖｏｌ．３　Ｎｏ．３　トトロのふるさと財団
・牧林功（一九八五）『雑木林の小さな仲間たち』埼玉新聞社
・狭山丘陵の自然と文化財を考える連絡会議・狭山丘陵を市民の森にする会（一九八六）『雑木林博物館構想』狭山丘陵の自然と文化財を考える連絡会議・狭山丘陵を市民の森にする会
・荻野豊（二〇二〇）「早稲田大学進出問題から雑木林博物館構想へ」『トトロの森をつくる　トトロのふるさと基金のあゆみ３０年』トトロのふるさと基金
・山本広行（一九八三）「緑地の保護と行政姿勢―狭山丘陵での自然保護運動を通じて」『文化財を守るために』Ｎｏ．24文化財保存全国協議会
・東大和市環境を考える会（二〇一八）「狭山丘陵とともに　廣井敏男先生を偲ぶ」東大和市環境を考える会
・廣井敏男（一九八六）「都市林の保全と管理１」『東京経大学会誌』Ｎｏ．１４６東京経済大学
・廣井敏男（一九八六）「関東地方低地における二次林の植物社会学的研究」『人文自然科学論集』Ｎｏ．72東京経済大学
・廣井敏男（一九九九）「二次林の保全および管理に関する研究」『人文自然科学論集』Ｎｏ．１０８東京経済大学
・廣井敏男（一九八三）「身近な緑を守る―身の周りから消えていく緑」『文化財を守るために』Ｎｏ．24文化財保存全国協議会
・廣井敏男（一九九五）「身近な緑の保全」『地球環境科学』朝倉書店
・村瀬克彦（二〇〇九）「舞岡公園の市民運営―歴史と現状―」村瀬克彦監修『横浜まちづくり市民活動の歴史と現状―未来を展望して』学文社

・横浜市都市自然研究会（一九八三）「都市自然に関する社会科学的研究―よこはま「都市自然」行動計画」横浜市都市自然研究会
・守山弘（一九八八）『自然を守るとはどういうことか』農山漁村文化協会
・重松敏則（一九九一）『市民による里山の保全・管理』信山社
・（株）自然教育研究センター（一九九五）『東大和市立東大和緑地自然環境調査報告書』東大和市教育委員会
・トトロのふるさと基金（二〇二〇）「トトロの森をつくる　トトロのふるさと基金のあゆみ30年」トトロのふるさと基金
・トトロのふるさと基金（二〇一九）「トトロの森から」Ｎｏ．１００
・東大和市環境を考える会（二〇〇六）「雑木林の詩」Ｎｏ．62
・東大和市狭山緑地雑木林の会（二〇一九）「雑木林夢通信」Ｎｏ．99
・廣井敏男（二〇〇八）「市民による里山の維持管理―狭山緑地での取り組み」『都市公園』Ｎｏ．１８０

Ⅲ章
・トトロのふるさと基金（二〇二一）「トトロのふるさと基金三〇周年記念集会」の資料
・東大和市狭山緑地雑木林の会（二〇一八）「雑木林夢通信　夢の未来へ３」

Ⅳ章
・宮内泰介（二〇一七）「どうすれば環境保全はうまくいくのか」『どうすれば環境保全はうまくいくのか』新泉社
・清水淳・永島高行（二〇二二）「北川かっぱの会の活動のあゆみと未来に向けて」『東村山市史研究』Ｎｏ．31東村山市ふるさと歴史館

清水　淳
（しみず　あつし）

1955年生まれ。狭山丘陵の東麓東村山市で育つ。現在、トトロの故郷北山公園一帯の緑の保全とその前を流れる北川の清流復活、遊びの遺伝子を未来へ継承していくことを目指す市民活動団体「北川かっぱの会」の代表。法政大学エコ地域デザイン研究センター客員研究員。「北川かっぱの会の活動のあゆみと未来に向けて」『東村山市史研究』No. 31東村山市ふるさと歴史館（2022）などの著作がある。

狭山丘陵を守った男
フィールドサイエンティスト廣井敏男の軌跡

2023年2月25日　第1版第1刷発行

著　者　清　水　　淳
発行者　小　崎　奈　央　子
発行所　株式会社けやき出版
〒190-0023　東京都立川市柴崎町3-9-2
コトリンク3階
TEL 042-525-9909／FAX 042-524-7736
https://keyaki-s.co.jp
編　集　平田美保・三浦千晶
D T P　小坂裕子
印　刷　株式会社立川紙業

ISBN978-4-87751-626-0 C0040